元素の周期表

凡例:
- 族番号 → 1
- 原子量 → 1.008
- 原子番号 → ₁H ← 元素記号
- 水素 ← 元素名

1	2	3	4	5	6	7	8	9	10	11	12	13	14	15	16	17	18
1.008 ₁H 水素																	4.003 ₂He ヘリウム
6.941 ₃Li リチウム	9.012 ₄Be ベリリウム											10.81 ₅B ホウ素	12.01 ₆C 炭素	14.01 ₇N 窒素	16.00 ₈O 酸素	19.00 ₉F フッ素	20.18 ₁₀Ne ネオン
22.99 ₁₁Na ナトリウム	24.31 ₁₂Mg マグネシウム											26.98 ₁₃Al アルミニウム	28.09 ₁₄Si ケイ素	30.97 ₁₅P リン	32.07 ₁₆S 硫黄	35.45 ₁₇Cl 塩素	39.95 ₁₈Ar アルゴン
39.10 ₁₉K カリウム	40.08 ₂₀Ca カルシウム	44.96 ₂₁Sc スカンジウム	47.87 ₂₂Ti チタン	50.94 ₂₃V バナジウム	52.00 ₂₄Cr クロム	54.94 ₂₅Mn マンガン	55.85 ₂₆Fe 鉄	58.93 ₂₇Co コバルト	58.69 ₂₈Ni ニッケル	63.55 ₂₉Cu 銅	65.38 ₃₀Zn 亜鉛	69.72 ₃₁Ga ガリウム	72.63 ₃₂Ge ゲルマニウム	74.92 ₃₃As ヒ素	78.97 ₃₄Se セレン	79.90 ₃₅Br 臭素	83.80 ₃₆Kr クリプトン
85.47 ₃₇Rb ルビジウム	87.62 ₃₈Sr ストロンチウム	88.91 ₃₉Y イットリウム	91.22 ₄₀Zr ジルコニウム	92.91 ₄₁Nb ニオブ	95.95 ₄₂Mo モリブデン	(99) ₄₃Tc テクネチウム	101.1 ₄₄Ru ルテニウム	102.9 ₄₅Rh ロジウム	106.4 ₄₆Pd パラジウム	107.9 ₄₇Ag 銀	112.4 ₄₈Cd カドミウム	114.8 ₄₉In インジウム	118.7 ₅₀Sn スズ	121.8 ₅₁Sb アンチモン	127.6 ₅₂Te テルル	126.9 ₅₃I ヨウ素	131.3 ₅₄Xe キセノン
132.9 ₅₅Cs セシウム	137.3 ₅₆Ba バリウム	57〜71 ランタノイド	178.5 ₇₂Hf ハフニウム	180.9 ₇₃Ta タンタル	183.8 ₇₄W タングステン	186.2 ₇₅Re レニウム	190.2 ₇₆Os オスミウム	192.2 ₇₇Ir イリジウム	195.1 ₇₈Pt 白金	197.0 ₇₉Au 金	200.6 ₈₀Hg 水銀	204.4 ₈₁Tl タリウム	207.2 ₈₂Pb 鉛	209.0 ₈₃Bi ビスマス	(210) ₈₄Po ポロニウム	(210) ₈₅At アスタチン	(222) ₈₆Rn ラドン
(223) ₈₇Fr フランシウム	(226) ₈₈Ra ラジウム	89〜103 アクチノイド	(267) ₁₀₄Rf ラザホージウム	(268) ₁₀₅Db ドブニウム	(271) ₁₀₆Sg シーボーギウム	(272) ₁₀₇Bh ボーリウム	(277) ₁₀₈Hs ハッシウム	(276) ₁₀₉Mt マイトネリウム	(281) ₁₁₀Ds ダームスタチウム	(280) ₁₁₁Rg レントゲニウム	(285) ₁₁₂Cn コペルニシウム	(278) ₁₁₃Nh ニホニウム	(289) ₁₁₄Fl フレロビウム	(289) ₁₁₅Mc モスコビウム	(293) ₁₁₆Lv リバモリウム	(293) ₁₁₇Ts テネシン	(294) ₁₁₈Og オガネソン

ランタノイド:

138.9 ₅₇La ランタン	140.1 ₅₈Ce セリウム	140.9 ₅₉Pr プラセオジム	144.2 ₆₀Nd ネオジム	(145) ₆₁Pm プロメチウム	150.4 ₆₂Sm サマリウム	152.0 ₆₃Eu ユウロピウム	157.3 ₆₄Gd ガドリニウム	158.9 ₆₅Tb テルビウム	162.5 ₆₆Dy ジスプロシウム	164.9 ₆₇Ho ホルミウム	167.3 ₆₈Er エルビウム	168.9 ₆₉Tm ツリウム	173.0 ₇₀Yb イッテルビウム	175.0 ₇₁Lu ルテチウム

アクチノイド:

(227) ₈₉Ac アクチニウム	232.0 ₉₀Th トリウム	231.0 ₉₁Pa プロトアクチニウム	238.0 ₉₂U ウラン	(237) ₉₃Np ネプツニウム	(239) ₉₄Pu プルトニウム	(243) ₉₅Am アメリシウム	(247) ₉₆Cm キュリウム	(247) ₉₇Bk バークリウム	(252) ₉₈Cf カリホルニウム	(252) ₉₉Es アインスタイニウム	(257) ₁₀₀Fm フェルミウム	(258) ₁₀₁Md メンデレビウム	(259) ₁₀₂No ノーベリウム	(262) ₁₀₃Lr ローレンシウム

（原子量は4桁の有効数字で示した）

食と栄養を学ぶための化学

有井 康博・川畑 球一・升井 洋至・吉岡 泰淳 著

化学同人

はじめに

　本書は，食や栄養に関する分野で活躍を願う学生が専門知識を修得する際に，その学びの手助けとなるように制作した教科書です．食や栄養に関する分野で活躍できる人材となるためには，食べ物に含まれる成分と化学物質を基盤とした体内の営みとを関連づけて理解し，他者に説明できることが必要です．化学は，その関連づけや説明に役立つ道具です．食や栄養を学ぶ分野では，専門科目が始まる前に，化学の基礎知識を学ぶ講義が開講されるでしょう．ところが，高等学校までの化学は詰め込み型で知識量が多く，その学びは浅くなりがちです．大学で専門科目が開講されるまでに同じ量をより深く学ぶには，時間が足りません．そこで本書では，専門科目の修得に役立つ化学知識を効率よく，かつ深く学べるように工夫しました．

　本書の構成は，1章から5章までを化学の基礎と無機化学とし，高等学校で学ぶ内容から一歩踏み込んだ，より深い学びを可能にしています．6章から10章までは有機化学です．食品に含まれる栄養素，生命活動に関する物質のほとんどが有機化合物です．これらの章では，専門科目で食と栄養を楽しく学べるように，有機化学の基礎知識や有機化合物について詳しく紹介します．11章から13章までは，物理化学的な知識や化学反応について学びます．食や栄養に関する専門家として論理的に説明できるようになるために必要な知識です．

　本書では，食と栄養を学ぶ人に必要な内容にこだわって，その理解を促せるように，できる限り丁寧な説明を心がけました．また，より理解が深まるように次のような工夫をしています．章の冒頭にあるQRコードをスマートフォンで読みとり，各章のポイントを動画で短時間に予習できます．学ぶ前日，通学途中，休み時間などの空き時間に前もって視聴することで，講義での理解が深まります．動画は復習や補習にも役立ちます．章末に用意された復習問題は，インターネット上（化学同人HP）の解答を見て，修得度合いを確認できます．化学を学ぶ楽しさを感じてもらえるように，コラムも用意しました．本書が食や栄養に関する分野で活躍を願う学生の夢を叶える手助けとなることを期待しています．

　終わりに，本書の趣旨にご賛同いただき，執筆の労をとられた執筆者各位，全章の原稿を熟読いただき，よりよい教科書に仕上げるためにアイデアをくれた学生の皆様，新しい形式の教科書の出版にご尽力いただいた株式会社化学同人の各位に感謝申し上げます．

　2020年3月

執筆者代表として　有井康博

追記　本書は，武庫川女子大学「教育改善・改革プラン」で表彰されました．また，制作当時に同大学4年生であった朝山光里氏，中西由佳氏，宮本千聖氏に原稿をご試読いただきました．

FOOD

目　次

CHEMISTRY

●復習問題の解答は化学同人 HP に掲載されています.
　https://www.kagakudojin.co.jp/book/b493191.html

1章

なぜ化学を学ぶのか

予習動画
のサイト

1章をタップ！

■ 1.1　体も食品も原子からできている

　私たちが生き物を食べるということは，その生き物がもっていた原子をいただいているということである．ウシを想像してみよう（図1.1）．ウシだとわかる形をつくり出す外皮や骨格，私たちがおいしいと食べている筋肉や内臓など，ウシという個体はさまざまな**器官**から構成されている．これらの器官は，上皮組織，結合組織，筋組織および神経組織が互いに結合することで機能している．これらの**組織**は，その組織に適した細胞からなる．**細胞**は私たちが「生きている」と認めることができる最小単位であり，その内外を隔てる**脂質二重膜**，遺伝情報を貯蔵している**核**やエネルギーを産生するミトコンドリアなどの**細胞小器官**で環境を区切り，生命活動を制御している．生命活動をになう最も基本的な要素として，**タンパク質**，**核酸**，**多糖**などの生体高分子，細胞小器官の部品や生命活動の材料となっている低分子が挙げられる．分子を構成しているのは，すべての生き物に共通の**原子**である．ウシに限らず，農作物，畜産物，水産物などの生き物を起源とする食品を，私たちは生のまま，あるいは加工・調理し，いただいている．この行為をミクロなレベルで解釈すると，食品（生き物）に含まれる原子を体の中に取り入れ（消化・吸収），私たちの部品やエネルギーとして利用しているということ（栄養）である．つまり，私たちが食べている食品と私たち自身は同じ原子からできているということであり，原子レベルで考えると，食品と私たちは相互変換できるというわけである．私たちは，体の中でそのままの形で使えるものはそのまま使い，そのままの形で使えないものは分解し，組み立て直して使うというシステムをもっ

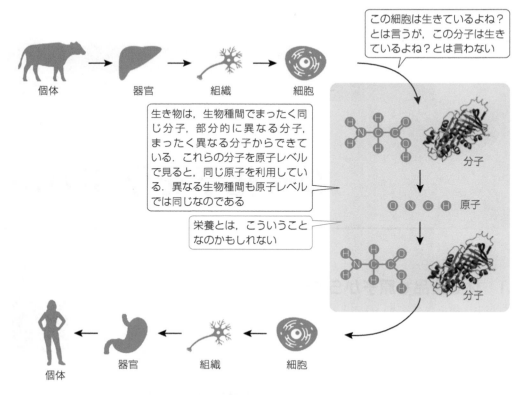

図 1.1　**生き物は原子レベルでつながっている**

ている.

　これから学習する食品のこと, 生命活動のこと, 体の機能のこと, 健康のこと, その機能と健康を維持・改善する方法などは, すべて原子レベルで結びつくはずである. だからこそ, 化学を理解することは, これから学ぶ専門科目をより深く理解することにつながる. この学びを通じて, 食品や体のこと, そのつながりを化学的に理解することで, より深い思考力を身につけた人になってもらいたい.

　1.2　体の中身は入れ替わる

　私たちは食品を摂取し, 食品中に含まれる栄養素を分解し, 吸収する（図 1.2）. その吸収した物質を生命活動の材料として利用する. この行為を**栄養**と呼び, 身体活動に必要なエネルギー, 体の発育や各組織の消耗を補填する材料, 体の恒常的な環境を整える物質を滞りなく供給することで[*1], 栄養は完全なものになる. 一方で, 体の中で不必要になったものを排出あるいは放出する必要がある. 私たちが行う排泄, 発汗, 呼吸による

＊1　これらの供給が滞ると, 私たちの体は不調を示し始める. いわゆる「未病」である. 私たちが食べる目的は, 私たちの体に必要な物質を供給することである. 体に必要な化学物質を摂取することは, 未病を改善することにつながる.

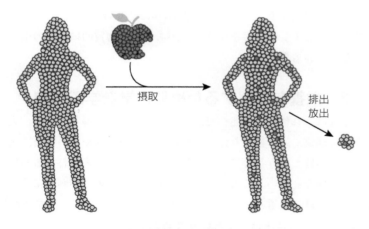

摂取

排出
放出

図1.2　私たちの体の中身は入れ替わる

二酸化炭素の放出などである．この出し入れの収支が一致すると，体重に
変化はなく，収支が偏ると体重に増減が起こる．この出し入れは化学物質
の出し入れであり，この行為を可能にしているのは，食品と私たちの体が
同じ原子からできているという同一性である．「昨日の私」も「今日の私」
も「明日の私」も，見た目はそれほど変わらない．しかし原子レベルでは，

Column

カニバリズムと栄養

　食品と人の相互変換というと少々不気味な感じが
するが，カニバリズムという習慣をご存じだろうか．
人が人を食するという習慣である．「人喰い人種」
という不名誉なレッテルを貼られる原因となったカ
ニバリズムは，死者への愛着から魂を受け継ぐとい
う儀式的な意味合いがあるとされる．一方で，この
行為は感染症の流行を引き起こすリスクを上げるこ
とが知られている．ニューギニア島の一部の部族で
流行したプリオン病の一つであるクールー病は，儀
式的カニバリズムが原因だった．

　モラルとして，人が人を食べてはいけないと教え
られるのは，同種間の感染症の拡大を防ぐためとも
いえる．栄養という意味だけを重視したら，自分と
同じ化学物質からできている生き物を食することが

最も効率的だろうし，より近い種を摂取することが
理想的なように思える．ましてや植物より動物を摂
取するほうが理想的だろう．しかしながら，日本で
は歴史上，肉食がタブー視されたことが数回ある．
その理由として挙げられるのは，宗教的な穢れの排
除，動物虐待行為の禁止などである．そういう理由
で始まった肉食禁止令は，意図の有無は別にして，
近い種からの感染症を予防するという意味でも役立
っていたのではないだろうか．

　私たちは食べるという行為で，栄養を営み，健康
状態を保つ一方で，自らの体を危険にさらしてもい
る．こういう観点からも「私たちは何を食べるべき
なのか」を考えることは，とても大切である．

私たちの体は毎日変化している．久しぶりに知り合いに会うと，「全然変わっていないね！」と挨拶をすることがあるが，物質的には体の中身は大きく変化している．

■ 1.3　栄養を理解するために化学を学ぶ理由

　体の中身は入れ替わると述べたが，入れ替わりには偏りがある．入れ替わりやすい部位，入れ替わりにくい部位，入れ替わりやすい物質，入れ替わりにくい物質という具合に，入れ替わりやすさは，入れ替わる部位や物質によって異なっている．入れ替わりやすい物質と入れ替わりにくい物質の違いを見分ける性質の一つに，その物質が水に溶けやすい（親水性）か，水に溶けにくい（疎水性）かという性質がある．私たちの体の約 60%[*2]は水からできている．体内の水は細胞外液と細胞内液に分けられる．細胞外液である，体内を循環する血液は，いろいろな物質を目的地まで運ぶ役割をしている．目的地に運ぶために大切なことは，血液に物質が溶けることである．親水性が高い物質は運搬されやすいし，疎水性が高い物質は運搬されにくい．当然，排泄されやすさにも影響する．私たちは化学構造を見て，その物質の化学的特性を理解し，その物質が体に残りやすい（疎水性）物質か，残りにくい（親水性）物質かを容易に想像できる．体に残りやすいものは過剰症を引き起こす可能性が高く[*3]，体に残りにくいものは欠乏症を起こす可能性が高いというような，想像力を働かせることが可能になる．この想像力を養うことが，栄養学を学ぶ人が化学を学ぶ理由の一つである．

■ 1.4　化学構造を観察する

　生命活動における入れ替わりの流れの中で，さまざまな物質が形を変える．生命活動を理解するためには，さまざまな化学物質と出合わなければならない．その姿形と名前を一致させるのは容易ではないため，化学構造を見るのが嫌になってしまうかもしれない．しかし，生命活動の流れを理解するためには，化学構造を観察することが大切である．たとえば，物質Aから物質Bへ変化したときに，変わったところを見いだすためには，構造を観察することが必要になる．初めは慣れず，難しいかもしれないが，観察しているうちに，生命活動の流れを理解することが苦ではなくなるだろう．また，新しいことを発見するためにも化学構造を理解する必要がある．体の中身が入れ替わることを発見したアメリカの生化学者ルドルフ・シェーンハイマーは，窒素の安定同位体でアミノ酸のロイシンに印をつけ

＊2　体内の水の割合は新生児で約75%，子どもで約70%，成人で60〜65%，高齢者で50〜55%とされる．

＊3　医薬品は疎水性のものが多い．体の中に長い間留めておくことで，より効果が高く，より効き目が長くなるからである．医薬品は病気を治すために用いられる．未病のような曖昧な状態ではないので，かなり過激に状態をもどすことが必要である．効き過ぎたり摂り過ぎたりすると副作用が出てしまう．

て，ロイシンが筋肉に取り込まれることを明らかにした．アミノ酸を選んだ理由は，私たちが食べる三大栄養素のうち，必ず窒素をもつものが，アミノ酸からなるタンパク質のみだからだろう．そして，アミノ酸のなかでロイシンを選んだのは，筋肉にロイシンが多いことを知っていたからだろう．このように，化学物質の構造をよく理解することで新しい知恵と発見が生まれる．新しい発見をするのは，なかなか難しいことだとしても，化学構造を観察することで，体の中や食品のことを理解することはたやすくなる．諦めずに，嫌わずに，化学構造を眺めてほしい．

■ 1.5　化学は道具

　食や栄養を生業とする人がもつべき知識として，化学が重要であると言われて久しい．食や栄養を生業とする人にとって化学は，仕事（勉強も含め）をより効率的に行うための道具である．せっかくなら，道具はうまく使えたほうがいい．しかし，使えないからといって，仕事ができないわけではない．不便・不自由なだけである．現時点で化学を苦手と思っている学生も，しっかりと学べば，道具としての化学は意外と面白いと感じられるかもしれない．化学の得意な学生も，道具としてうまく使うことができなければ，宝の持ち腐れになってしまう．学びを通じて化学をうまく使えるように，使い方を身につけよう．

復習問題

1．現時点での化学に対する気持ちを記しなさい．
2．化学を勉強する目的を述べなさい．
3．化学を学ぶ際の自分の目標を述べなさい．

2章

原子の構造と結合

 予習動画
のサイト

2章をタップ！

2.1 物質とは

　食品学と栄養学を学ぶためには，食品を構成する物質と栄養現象を構成する物質について理解することが大切である．ヒトは，食品を摂取することで生命現象を営んでいる（これを**栄養**という）．その食品は，デンプン，タンパク質，脂肪などの物質から構成される．摂取された食品は，胃や腸において消化される．デンプンはグルコースに，脂肪はモノアシルグリセロールと脂肪酸に，タンパク質はアミノ酸に分解される．分解後，腸管を介して体内に吸収され，エネルギー産生や体を構成する部品の材料として利用される．このように，食品には多くの物質が含まれ，栄養にも多くの物質が関わっている．化学とは，「物質」が何からどのような構造でできているか，どのような特徴や性質をもっているか，そして相互作用や反応によってどのような別のものに変化するかを研究する学問である．

　物質には，分離できるものと分離できないものがある．分離できる物質を**混合物**といい，分離できない物質を**純物質**という[*1]．たとえば食塩水は，食塩という純物質を水という純物質に溶解した水溶液という混合物である．水という物質を細かく分けていき，最小粒子にする．この最小粒子を分子と呼び，この分子は水の性質を保っており，水分子と呼ばれる．一方で，水分子を電気分解することで生成した水素と酸素は，複数の成分に分離・分解することはできず，それぞれ水素分子と酸素分子という単一の元素からできている．このような同種の元素のみからできている物質を単体と呼ぶ．水素分子と酸素分子を混合して火をつけると，水分子が生成する．水という物質は，水素または酸素という物質とは性質が異なるが，水分子は

*1　混合物は2種類以上の純物質が混じり合ったもの，純物質は1種類の物質だけからできているものである．

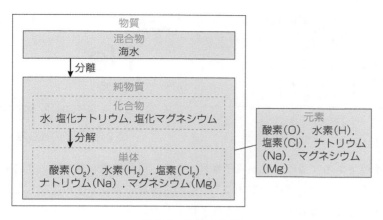

図2.1 物質の分類

2個の水素原子（H）と1個の酸素原子（O）から構成されており，H_2O という分子式で表される．2種類以上の元素から構成される分子は化合物と呼ばれる（図2.1）.

2.2 物質の基本粒子

2.2.1 元 素

化学的な性質が単一となった物質である純物質のなかには，分解することで，その物質を構成している基本成分に分けることができるものがある．この基本成分の一つ一つを**元素**という．たとえば水は純物質であり，水素と酸素という2種類の基本成分に分けられる．このように2種類以上の元素からなる純物質を化合物という．また，1種類のみの元素からつくられる純物質を単体という．すなわち，水素と酸素からつくられる水は化合物であり，それを電気分解して得られる水素と酸素は単体である．

2.2.2 原 子

原子は，中心に原子核があり，そのまわりを**電子**が高速で回転する構造をとる．原子核は，**陽子**と**中性子**の2種類の粒子から構成されており，これらの性質を表2.1に示す．陽子と中性子の質量はほぼ同じであり，陽子は正（＋）の電荷をもち，電子は負（－）の電荷をもち，中性子は電気的に中性である．電子の質量は，陽子の質量の1840分の1と非常に小さいため，原子の質量を考える際に無視することができる．原子の質量は，陽子の質量と中性子の質量の和であり，陽子と中性子の和は**質量数**と呼ばれる．原則的に陽子の数と電子の数は等しいため，原子は全体として電気的

表 2.1　素粒子の性質

素粒子	質量（kg）	電荷（C）
陽子	1.673×10^{-27}	$+1.602 \times 10^{-19}$
中性子	1.675×10^{-27}	0
電子	9.109×10^{-31}	-1.602×10^{-19}

質量数 ＝ 陽子の数 ＋ 中性子の数

元素記号

原子番号 ＝ 陽子の数（＝ 電子の数）

図 2.2　原子の表し方

に中性である．陽子の数が**原子番号**となる．原子の表し方を図 2.2 に示す．

　炭素（C）には，^{12}C, ^{13}C および ^{14}C の 3 種類の炭素原子が存在している．原子番号はみな 6 であるが，中性子はそれぞれ 6，7，8 個存在している．このように，原子番号は同じであるが，中性子の数が異なるものは**同位体**と呼ばれる．^{14}C は，放射線を出すことから**放射性同位体**と呼ばれ，ほかの 2 種類の同位体は放射線を出さないので，**安定同位体**または**非放射性同位体**と呼ばれる．このように，炭素という元素名は 3 種類の炭素原子の総称である．代表的な原子の同位体の存在比を表 2.2 に示す．

表 2.2　同位体の存在比

元素	元素記号	原子番号	おもな同位体	同位体の存在比（%）
水素	H	1	^{1}H ^{2}H	99.985 0.015
ヘリウム	He	2	^{4}He	100
ホウ素	B	5	^{10}B ^{11}B	19.9 80.1
炭素	C	6	^{12}C ^{13}C	98.90 1.10
窒素	N	7	^{14}N ^{15}N	99.634 0.366
酸素	O	8	^{16}O ^{17}O ^{18}O	99.762 0.038 0.200
ナトリウム	Na	11	^{23}Na	100
塩素	Cl	17	^{35}Cl ^{37}Cl	75.77 24.23

Pure and Applied Chemistry, 63, 991 (1989) より．

2.2.3　イオン

　物質のなかには，原子や原子団が電子を放出したり，取り込んだりする

ことにより生成したものがある．このうち電荷をもつものをイオンと呼ぶ．電子を放出した場合，その物質は正電荷を帯びるので，**陽イオン**と呼ぶ．電子を取り込んだ場合，その物質は負電荷を帯びるので，**陰イオン**と呼ぶ．イオン化する場合，放出あるいは取り込んだ電子数をイオンの**価数**と呼ぶ．1個の電子を放出したナトリウムはNa^+であり，1価の陽イオンになる．1個の電子を取り込んだ塩素原子はCl^-であり，1価の陰イオンになる．イオンの価数は，原子の電子配置により決まる．

2.2.4　原子量，分子量，モル

原子は非常に小さく，1個あたりの質量はきわめて小さい．その質量は，**原子量**と呼ばれる原子の質量の相対値で表される．元素の原子量は，1961年に，質量数12の炭素（^{12}C）の質量を12としたときの相対質量とすると決められた．元素には数種類の同位体が存在しているものもあり，その存在比を考慮した同位体の質量の相対値の平均値を原子量としている．元素の原子量の定義が決められて以来，質量分析法などの物理的手法による各元素の核種の質量と同位体組成の測定データは，質・量ともに格段に向上した．IUPAC（国際純正・応用化学連合）の原子量および同位体存在度委員会では，新しく測定されたデータの収集と検討をもとに，2年ごとに原子量表の改定を行っている．

分子の質量は，それを構成している原子の質量の総和になる．つまり**分子量**は，構成している原子の原子量の総和になる．また，塩化ナトリウム（NaCl）は，分子として存在しているのではなく，Na^+とCl^-が1：1の比で存在しており，**組成式**で表される．このような物質における全原子の原子量の総和は**式量**と呼ばれる．NaClの式量は，Na^+とCl^-の原子量の和（$22.99 + 35.45 = 58.44$）である．

分子の質量はとても小さい．そのため，6.02×10^{23}個の分子の集まりを一つの単位として表す．これを**アボガドロ数**と呼び，物質量を**モル**（mol）という単位で扱う[*2]．たとえば，水（H_2O）の分子量は18.01であり，18.01 gの水の中には6.02×10^{23}個の水分子が存在している．すなわち，これが1 molである．

■ 2.3　原子の構造と周期表における特徴

2.3.1　電子の動き

電子は，原子の中で空間的な広がりをもって運動している．原子核のまわりに電子が存在する確率の大きさを点の濃淡で表すと，雲のような像が

*2　モル（mol）は物質量の単位である．1 molには$6.02214076 \times 10^{23}$個の粒子が含まれる．この数値はアボガドロ定数として定義されており，単位はmol^{-1}が用いられる．

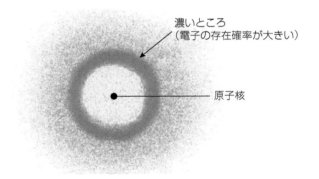

濃いところ
（電子の存在確率が大きい）

原子核

図2.3　**電子雲の像**

*3　波動方程式とは，
$\frac{1}{s^2}\frac{\partial^2 u}{\partial t^2} = \Delta u$ で表される
定数係数二階線形偏微分方程式のことをいう．振動，音，光，電磁波などの振動・波動現象を記述する際に基本となる方程式である．t は時刻，s は振動の位相速度，u は微小変位を表す．

得られる．これを**電子雲**という（図2.3）．点が密集して濃いところほど，電子の存在確率が高く，薄いところほど低い．量子力学モデルでは，電子が波動的な性質を示すことが**波動方程式**[*3] によって表され，その解は**電子軌道**と呼ばれる．電子軌道によって，一定のエネルギー準位にある電子を原子核のまわりのどの領域に見いだす確率が高いか，知ることが可能になる．

　電子軌道には，s，p，d，fと名づけられた4種類の異なる型がある．s軌道は球型で，中心に原子核がある．p軌道は亜鈴（ダンベル）型で3種類あり，互いに直交した方向性をもつ．d軌道は空間の方向により5種類あり，そのうちの4種類はクローバーの葉のような形をしている．もう1種類は縦長の亜鈴に小さなドーナツがついたような形をしている（図2.4）．

　電子は，原子核を中心として運動している．その空間を**電子殻**といい，エネルギー状態の異なるいくつかの電子殻（K殻，L殻，M殻，……）がある．それぞれの電子殻は，数と種類が異なる電子軌道をもっており，それぞれの電子軌道には1対（2個）の電子を収容できる．ある原子の中で最も低いエネルギー準位にある電子対（2個の電子）は，K殻に存在し，1sと呼ぶ電子軌道を占める．次にエネルギー準位が低いのは2s軌道の電子であり，原子核から離れていることから，1s軌道よりも大きな空間を占める．次にエネルギー準位が低い電子は，三つの直交する2p軌道（$2p_x$，$2p_y$，$2p_z$）に2個ずつ，合わせて6個存在し，それぞれの電子のエネルギー準位は等しい．これらの2sおよび2p軌道がL殻に相当し，合計8個の電子が入る．さらにエネルギー準位の低い順に，3s，3p，4s，3d，4p軌道が並ぶ（図2.5）．

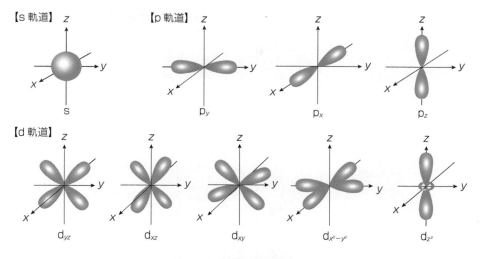

図2.4 軌道の電子雲の形

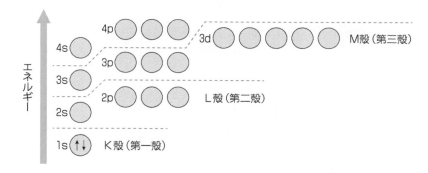

図2.5 原子軌道のエネルギーの概念図

2.3.2 電子配置

電子軌道への電子の配置[*4]は三つの規則に従っている.

① 電子は,低いエネルギー準位の電子軌道から順に収容される.

② 一つの電子軌道に電子は2個までしか収容できず,それらは互いに逆向きのスピンをもつ.

③ 同じエネルギー準位の軌道に電子が収容されるとき,空（から）の軌道がある限り1個ずつ収容され,同じエネルギー準位に空（くう）軌道がなくなったときに,電子対として収容される.

たとえば,水素原子は1個の電子をもち,1s軌道に収容されている.炭素原子は6個の電子をもち,1s軌道に2個,2s軌道に2個,そして2p軌道では$2p_x$軌道に1個と$2p_y$軌道に1個,それぞれ収容されている.し

[*4] 電子軌道における電子の配置は矢印で表される（図2.5）.

11

表2.3　原子の基底状態の電子配置

電子殻	K	L		M			N	
電子軌道	1s	2s	2p	3s	3p	3d	4s	4p
1　H	1							
2　He	2							
3　Li	2	1						
4　Be	2	2						
5　B	2	2	1					
6　C	2	2	2					
7　N	2	2	3					
8　O	2	2	4					
9　F	2	2	5					
10　Ne	2	2	6					
11　Na	2	2	6	1				
12　Mg	2	2	6	2				
13　Al	2	2	6	2	1			
14　Si	2	2	6	2	2			
15　P	2	2	6	2	3			
16　S	2	2	6	2	4			
17　Cl	2	2	6	2	5			
18　Ar	2	2	6	2	6			
19　K	2	2	6	2	6		1	
20　Ca	2	2	6	2	6		2	
21　Sc	2	2	6	2	6	1	2	
22　Ti	2	2	6	2	6	2	2	
23　V	2	2	6	2	6	3	2	
24　Cr	2	2	6	2	6	5	1	
25　Mn	2	2	6	2	6	5	2	
26　Fe	2	2	6	2	6	6	2	
27　Co	2	2	6	2	6	7	2	
28　Ni	2	2	6	2	6	8	2	
29　Cu	2	2	6	2	6	10	1	
30　Zn	2	2	6	2	6	10	2	
31　Ga	2	2	6	2	6	10	2	1
32　Ge	2	2	6	2	6	10	2	2
33　As	2	2	6	2	6	10	2	3
34　Se	2	2	6	2	6	10	2	4
35　Br	2	2	6	2	6	10	2	5
36　Kr	2	2	6	2	6	10	2	6

*5　上付の数字が，軌道に入っている電子の数を表している.

たがって，炭素の電子配置は $(1s)^2(2s)^2(2p_x)^1(2p_y)^1$ と表される[*5]. この表記は $(1s)^2(2s)^2(2p)^2$ と省略することもできる（表2.3）. 詳しい炭素の電子配置については後で述べる.

2.3.3　元素の性質と周期性

　メンデレーエフは，60種類の元素を原子量順に並べると，元素の性質

が規則的に繰り返されること（周期性）を発見し，周期表を発表した．

　周期表（前見返しを参照）において，性質の似た元素が縦に並んでいることを元素の周期律と呼ぶ．周期表の縦の列に属する一群の元素を族と呼び，横の行に属する一群の元素を周期と呼ぶ．第6周期の3族には，ランタノイドと呼ばれる15種類の元素が属し，第7周期の3族には，アクチノイドと呼ばれる15種類の元素が属している．1族，2族，および12〜18族の元素は典型元素と呼ばれ，3〜11族の元素は遷移元素と呼ばれる．また元素のうち，ナトリウム（Na），マグネシウム（Mg），カリウム（K），カルシウム（Ca），鉄（Fe），銅（Cu）などの多くの元素が金属元素であり，水素（H），ヘリウム（He），窒素（N），酸素（O）などは非金属元素に分類される．

　特徴的な元素群としては，1族のアルカリ金属，2族のアルカリ土類金属，17族のハロゲン，18族の希ガスがある．アルカリ金属に属するリチウム（Li），ナトリウム（Na），カリウム（K），ルビジウム（Rb），セシウム（Cs）の元素は，単体の金属では軽くて軟らかく，化学的に反応性に富み，水とは激しく反応して水素を生じる．アルカリ土類金属に属するマグネシウム（Mg），カルシウム（Ca），ストロンチウム（Sr），バリウム（Ba）の元素は，アルカリ金属と比べて硬く，反応性も弱い．17族のハロゲンに属するフッ素（F），塩素（Cl），臭素（Br），ヨウ素（I）の元素は非金属であり，化学的に非常に反応性に富む．希ガスに属するヘリウム（He），ネオン（Ne），アルゴン（Ar），クリプトン（Kr），キセノン（Xe）の元素は，気体として空気中に微量に存在し，反応性が乏しく，化合物をつくりにくい性質がある．

2.4 化学結合

　地球上には無数の物質が，単一または複数の元素の原子の集合体として存在し，それぞれ特有の性質をもっている．物質の性質は，原子同士の相互作用，すなわち原子同士の化学結合の様式に従っている．原子同士の結合様式としては，イオン結合，共有結合，配位結合，金属結合などがあり，分子間に働く相互作用として水素結合，ファンデルワールス力が知られている．この節では，これらの結合様式について学ぶ．

2.4.1 イオン結合

　周期表の18族の希ガス元素のように，原子の最外殻に8個の電子（オクテット）をもつ原子は，反応性が低く安定である．これをオクテット則

という．最外殻に 1 個の電子をもつ 1 族のアルカリ金属は，1 電子を失って陽イオンになることで安定化する．また 17 族のハロゲンは，最外殻の電子が 7 個であり，電子を 1 個受けとって陰イオンになると安定化する．たとえば，塩素ガス中に金属ナトリウムを入れると，ナトリウムの電子が塩素に渡されて，それぞれ Na^+ と Cl^- にイオン化し，静電気的な引力（クーロン力）により結合する．これをイオン結合と呼ぶ．イオン結合しやすいものは，電子の授受が少なくてすむような価電子の少ない金属元素（アルカリ金属，アルカリ土類金属など）と，価電子の多い非金属元素（ハロゲンなど）との間である．

2.4.2　共有結合

炭素原子の最外殻には 4 個の電子があり，オクテット則を満たすには，4 個の電子をほかの原子から奪うか，互いに共有する必要がある．電子を奪うことは，多大なエネルギーが必要になるので難しい．そのため，ほかの原子と電子を共有することによって最外殻を満たす．この際生じる結合を共有結合と呼ぶ．共有結合のなかで，共有電子対 1 組による結合を単結合，複数の共有電子対からなるものを**多重結合**という．多重結合のうち，共有電子対 2 組による結合を**二重結合**，共有電子対 3 組による結合を**三重結合**という．分子中の電子対は，結合に関わる原子の電子軌道の重なりによってできる電子軌道に収容される．

共有結合は，2 個の原子が十分に接近して，それぞれの電子が 1 個入った原子軌道が重なり合って生成すると考えられる．このように，化学結合を各原子の原子価軌道[*6]に属する電子の相互作用によって説明する方法を**原子価結合法**という．このとき，共有された 2 個の電子のスピンの向きは互いに反対になる．また，重なった原子軌道の電子対は 2 個の原子に共有され，軌道の重なりが大きいほど結合は強いといえる．一方，原子軌道が分子に属する分子軌道をつくり，分子中に電子を見いだす確率が最も大きい空間を表したものを分子軌道法という．2 個の原子の s 軌道の電子が相互作用した場合，楕円のような形をした軌道の重なりが生じ，分子軌道には 2 個の電子が収容される．この分子軌道は，2 個の原子の 1s 軌道よりもエネルギー準位が低く，**結合性分子軌道**と呼ばれる．このように原子間で直線方向に原子軌道が重なって形成された結合を σ（シグマ）結合という．たとえば，水素分子（H_2）では 2 個の水素原子（H）が共有結合している．それぞれの水素原子の電子は 1s 軌道上にあり，その軌道が重なることによって水素分子が形成される（図 2.6）．

*6　原子価軌道とは，原子軌道のうち，最外殻に存在するものである．閉殻構造に加わっていないため，化学結合や化学反応において重要である．原子価軌道に存在する電子を価電子と呼ぶ．

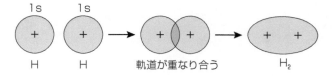

図2.6 1s軌道の重なりによるH₂の形成

(1) 混成軌道とは

　原子間で共有結合を形成する際に，不対電子が必要になる．原子がつくる共有結合の数を原子価といい，原子がもつ不対電子の数に対応する（表2.4）．食品や生体を構成している物質のうち，ほとんどは炭素を含む有機物である．炭素（C）の不対電子は，軌道のエネルギー準位の法則に従うと2個であるが，共有結合の数（原子価）は4である．この矛盾を説明するために，「エネルギー差が比較的小さいn個の原子軌道を混合してエネルギーが等しいn個の原子軌道（混成軌道）を新しくつくる」という混成概念が新たに提唱された．この混成軌道には，単結合だけからなる炭素原子の結合様式であるsp^3混成軌道，二重結合に関する化学結合であるsp^2混成軌道，三重結合に関する化学結合であるsp混成軌道の3種類が知られている．4価の炭素原子をもつ有機分子について説明する．

表2.4 元素の電子配置，価電子数，不対電子数，結合数

元素	電子配置	価電子数	不対電子数	結合数（原子価）
H	$(1s)^1$	1	1	1
C	$(1s)^2(2s)^2(2p_x)^1(2p_y)^1(2p_z)^0$	4	2	4
N	$(1s)^2(2s)^2(2p_x)^1(2p_y)^1(2p_z)^1$	5	3	3
O	$(1s)^2(2s)^2(2p_x)^2(2p_y)^1(2p_z)^1$	6	2	2
F	$(1s)^2(2s)^2(2p_x)^2(2p_y)^2(2p_z)^1$	7	1	1

(2) sp^3混成軌道

　sp^3混成軌道をつくる化合物のうち，最も簡単な構造のメタン（CH_4）を考える．炭素原子の価電子は4個あり，4個の水素原子と結合できる．どのC−H結合も等価で，正四面体の各頂点を向いている．しかしながら，遊離した炭素原子の最外殻の電子軌道は$(2s)^2(2p)^2$であり，このままでは2sと2p軌道のエネルギー準位が異なるために2種類の結合ができ，メタンの構造を説明できない．実際には，結合に際して炭素原子の2s軌道の電子1個が2p軌道に励起され，その結果，同じエネルギー，同じ形，異なる方向性をもつ4個の軌道が形成され，安定で等価な結合が形成され

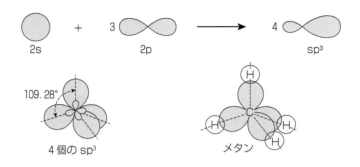

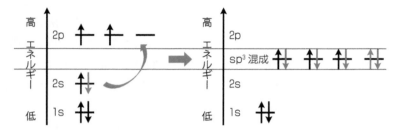

図2.7　sp³ 混成軌道の形成

る．この新たに形成された軌道を sp³ 混成軌道と呼ぶ．sp³ 混成軌道の形は原子核に対して非対称で，大きさの異なる亜鈴型をしている．また，この4個の混成軌道は相互に反発し，最も離れた安定な配置をとるため，原子核を中心に正四面体の各頂点を向いた配置となる．このため，ほかの原子の軌道と重なり合うときに強い結合をつくることができる（図2.7）.

C−C 結合をもつエタン（C_2H_6）について考える．2個の炭素原子間で sp³ 混成軌道同士が重なり，σ 結合を形成している．また，炭素原子の残りの sp³ 混成軌道は水素原子の1s軌道と重なり，C−H 間で合計6本の σ 結合を形成している（図2.8）.

$$
\begin{array}{c}
\text{H} \quad \text{H} \\
| \quad | \\
\text{H}\colon\!\text{C}\colon\!\text{C}\colon\!\text{H} \\
| \quad | \\
\text{H} \quad \text{H}
\end{array}
\qquad
\begin{array}{c}
\text{H} \quad \text{H} \\
| \quad | \\
\text{H}-\text{C}-\text{C}-\text{H} \\
| \quad | \\
\text{H} \quad \text{H}
\end{array}
$$

図2.8　**エタンの構造**

（3）sp² 混成軌道

エチレン（C_2H_4）を考える．エチレンは，2個の炭素原子が二重結合で結ばれ，平面構造をとる．$(2s)^1(2p_x)^1(2p_y)^1(2p_z)^1$ の4個の価電子の軌

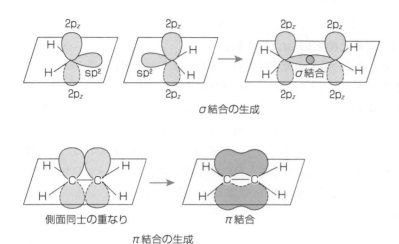

σ結合の生成

π結合の生成

図2.9　エチレンのC＝C二重結合の形成

道のうち，2s，$2p_x$，$2p_y$軌道が組み合わさってsp^2混成軌道と呼ばれる3個の混成軌道が生じる．$2p_z$軌道は混成に使われずに残る．3個の等価なsp^2混成軌道は互いに$120°$の角度で同一平面上にあり，$2p_z$軌道はsp^2混成軌道平面に対して直交している．2個の炭素のsp^2混成軌道が近づいて$σ$結合を形成し，続いて両炭素原子の$2p_z$軌道が近づき，重なり合って$π$結合と呼ばれる結合を形成する（図2.9）．このように炭素原子は，sp^2-sp^2の$σ$結合と$2p_z-2p_z$の$π$結合の組合せにより，4個の電子を共有して$C＝C$二重結合を形成する．エチレンでは，残りのsp^2混成軌道が水素の1s軌道と重なって$σ$結合を形成する．$C＝C$二重結合は$σ$結合と$π$結合からなっており，等価ではない．$σ$結合が軌道の正面からの重なりによるもので強いのに対して，$π$結合を形成するp軌道同士の重なりは側面からの重なりによるもので弱く，より不安定である．

(4) sp混成軌道

炭素は，6個の電子を共有して炭素-炭素三重結合を形成することができる．$(2s)^1(2p_x)^1(2p_y)^1(2p_z)^1$の3個の2p軌道のうち，1個が2s軌道と混成した2個のsp混成軌道となり，残り2個の2p軌道はp軌道のままである（図2.10）．2個のsp混成軌道は互いに$180°$離れてx軸上（直線上）にあり，2p軌道はy軸とz軸上にあり，sp軌道と直交している．

アセチレン（C_2H_2）を考える．sp混成軌道をとる2個の炭素原子が近づき，sp混成軌道が重なると，$σ$結合が形成される．さらに2p軌道同士が2本の$π$結合を形成して，炭素-炭素三重結合となる．残りのsp軌道は，水素の1s軌道と$σ$結合を形成してアセチレン（$HC≡CH$）となる．アセ

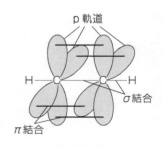

図2.10　炭素原子のsp混成軌道とアセチレンの電子の状態

17

チレンの炭素-炭素三重結合は，エチレンの二重結合より結合力が強い．

(5) 窒素と酸素の sp³ 混成軌道

窒素原子の最外殻電子は5個であり，3本の共有結合を形成することでオクテットとなる．窒素原子は3個の水素と共有結合してアンモニア分子を形成する（図 2.11）．一方，アンモニア分子の H−N−H 結合角がメタン分子の H−C−H の四面体角と近いことから，窒素も炭素と同様に sp³ 混成軌道によって4本の共有結合をつくることが考えられる．この場合，4個の sp³ 混成軌道のうち1個には非共有電子対が入っており，残り3個の sp³ 混成軌道が水素の 1s 軌道と σ 結合を形成してアンモニア分子となる（図 2.12）．

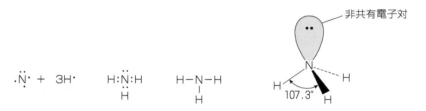

図 2.11 アンモニアの構造式　　図 2.12 sp³ 混成軌道による
アンモニア分子の形成

水分子の酸素原子も sp³ 混成軌道を形成している．この場合は，4個の混成軌道のうち2個の sp³ 混成軌道が非共有電子対であり，残り2個の sp³ 混成軌道は水素の 1s 軌道と σ 結合を形成して，水分子ができる．H−O−H の結合角（104.5°）は，メタンの H−C−H の結合角（109.5°）と近い値である（図 2.13）．

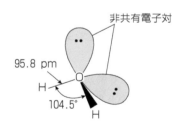

図 2.13 sp³ 混成軌道による水分子の形成

2.4.3 配位結合

アンモニア（NH_3）は，水素イオン（H^+）と反応してアンモニウムイオン（NH_4^+）を生成する（図 2.14）．H^+ は K 殻の電子が欠けているので，K 殻の軌道は空である[*7]．アンモニアは，窒素原子が非共有電子対1組を

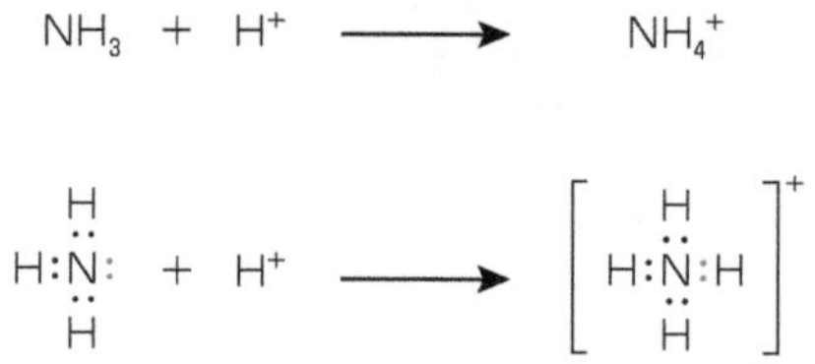

$$NH_3 + H^+ \longrightarrow NH_4^+$$

$$
\begin{matrix}
\text{H} \\
\cdot\cdot \\
\text{H:N:} \\
\cdot\cdot \\
\text{H}
\end{matrix}
+ \text{H}^+ \longrightarrow
\left[
\begin{matrix}
\text{H} \\
\cdot\cdot \\
\text{H:N:H} \\
\cdot\cdot \\
\text{H}
\end{matrix}
\right]^+
$$

図2.14 アンモニアと水素イオンの配位結合

H^+ に提供して結合し，アンモニウムイオンを生成する．このように，片方の空の軌道に他方が非共有電子対を提供して，新たに結合を生成する結合を**配位結合**という．配位結合は，共有結合と実質的には同じである．上述のアンモニウムイオンにおいて，4組のN−Hの結合は等価であり，CH_4 と同じ正四面体構造をとっている．

2.4.4 金属結合

金属結合で形成されたアルミニウムなどの金属は，電気をよく通す．しかし，共有結合やイオン結合で形成された結晶は，電気を通さない．たとえば，金属原子の一つであるナトリウム（Na）では，その最外殻電子，いわゆる価電子は1個である．ナトリウムの最外殻電子1個を除いた部分はネオン（Ne）と同様の電子殻を形成しており，その価電子1個は自由に金属原子間を移動できる．金属では，この電子を**自由電子**と呼ぶ．自由電子を共有することで金属イオン同士を結合し，金属原子の結晶をつくっている．金属の特性である光沢，展性，延性，高い導電性や熱の伝導性は自由電子の存在による．

2.4.5 水素結合

(1) 電気陰性度と極性分子

原子のイオン化で見られるように，原子には電子を引きつける力の強いもの，弱いもの，それらの中間のものが存在する．そのため，共有結合している2原子間の2個の電子の分布は，結合している原子の種類によって異なる．炭素–炭素の結合は，電子の分布が対称で完全な共有結合であるが，非対称な分布となる原子間では，電子密度の大きさの違いにより極性が生じる．これを**極性共有結合**と呼ぶ．

原子が共有電子対を引きつける度合を**電気陰性度**といい，電気陰性度が大きい原子ほど共有電子対を引きつける力も大きい（図2.15）．フッ素（F）が4.0と最も電気陰性度が大きく，フランシウム（Fr）が0.7で最も

族	1	2	3	4	5	6	7	8	9	10	11	12	13	14	15	16	17	18
周期	典型元素		遷移元素										典型元素					
1	H 2.2																	He
2	Li 1.0	Be 1.6											B 2.0	C 2.6	N 3.0	O 3.4	F 4.0	Ne
3	Na 0.9	Mg 1.3											Al 1.6	Si 1.9	P 2.2	S 2.6	Cl 3.2	Ar
4	K 0.8	Ca 1.0	Sc 1.4	Ti 1.5	V 1.6	Cr 1.7	Mn 1.6	Fe 1.8	Co 1.9	Ni 1.9	Cu 1.9	Zn 1.7	Ga 1.8	Ge 2.0	As 2.2	Se 2.6	Br 3.0	Kr
5	Rb 0.8	Sr 1.0	Y 1.2	Zr 1.3	Nb 1.6	Mo 2.2	Tc 1.9	Ru 2.2	Rh 2.3	Pd 2.2	Ag 1.9	Cd 1.7	In 1.8	Sn 2.0	Sb 2.1	Te 2.1	I 2.6	Xe
6	Cs 0.8	Ba 0.9	La~Lu 1.1~1.3	Hf 1.3	Ta 1.5	W 2.3	Re 1.9	Os 2.2	Ir 2.2	Pt 2.3	Au 2.5	Hg 2.0	Tl 1.6	Pb 2.3	Bi 2.0	Po 2.0	At 2.2	Rn
7	Fr 0.7	Ra 0.9	Ac~Lr 1.1~1.4															

図 2.15　**各原子の電気陰性度**

小さい．炭素は 2.6 で中間である．炭素（2.6）と，炭素より電気的に陰性な窒素（3.0），酸素（3.4），フッ素（4.0），塩素（3.2）との結合は分極しており，共有電子対は炭素より電気陰性の大きい原子に引き寄せられる．このとき，炭素は部分的に正に帯電しており，もう一方の原子は部分的に負に帯電している．それぞれ $\delta+$ および $\delta-$ で表す．

　クロロメタン分子のように，ある距離を隔てて正負の電荷が固定されている分子を極性分子という（図 2.16）．

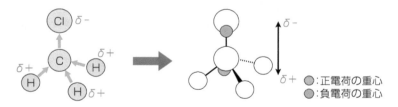

図 2.16　**クロロメタンの極性**

(2)　水素結合

　ある分子中の電気陰性度の大きい原子と結合している水素原子は，別の分子の電気陰性度の大きい原子と静電気的に引き合い，静電的な相互作用を生み出す．これを水素結合という．水素原子（2.2）が電気陰性度の大きい窒素，酸素，フッ素などの原子と共有結合すると，分子内に大きな極性が生じる．そのため，一つの H_2O 分子の酸素原子と別の H_2O 分子の水素原子との間で静電気的な結合をつくることができる．1 分子の水分子は，4 分子の H_2O と水素結合することができる（図 2.17）．水素結合は弱い

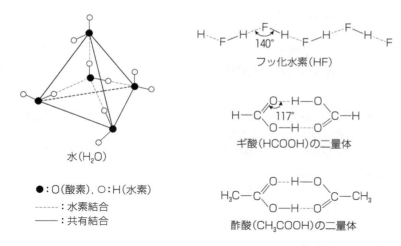

●：O(酸素)，○：H(水素)
----- ：水素結合
——— ：共有結合

図 2.17　水分子の構造と各分子の水素結合

結合であり，共有結合が 150〜500 kJ/mol の強さであるのに対し，水素結合は 20〜40 kJ/mol 程度の強さである．

2.4.6　ファンデルワールス力

　気体を圧縮したり冷却したりすると，液体，さらには固体に変化する．これは，分子が接近して分子間に引力が働くようになるからである．このような分子間で相互に働く力を分子間力（ファンデルワールス力）と呼ぶ．この力は，原子間で働く共有結合，イオン結合，金属結合，水素結合より弱い．ファンデルワールス力には 3 種類が知られている．

① **配向力**　分極して生成した双極子同士の相互作用により，極性分子の間にそれぞれ双極子モーメント[*8]に依存した引力が生じる．

② **誘起力**　極性をもたない分子に極性分子が近づくと，双極子が新たに誘起される．このことにより，二つの分子間に弱い双極子同士による相互作用が生じる．

③ **分散力**　まったく双極子をもたない分子でも，温度を低くすれば，互いに集まって液体や固体になる．これは，外殻の電子の分布が瞬間的に球対称でなく双極子を生じ，この双極子同士の相互作用が生まれるからである．

＊8　共有結合している A－B において A と B が異なる原子の場合，結合に関わる電荷は A と B の電気陰性度の違いにより結合の中心からずれる（偏る）．これを結合の分極といい，分極したものを双極子という．電荷の偏りを記号 δ を用いて表す．共有結合の分極が生じると，共有結合に δ+ と δ− によるイオン結合性が加わるため，分極の度合が大きいほど一般に結合エネルギーは大きくなる．双極子モーメントは大きさと方向をもつベクトル量である．したがって，個々の結合は分極しても分子全体として双極子モーメントが観測されない場合がある．分子の分極は分子の物性（たとえば物質の沸点や酸性・塩基性の強度），化学的性質などに大きく影響を与える．

Column

ダイヤモンドと黒鉛

ダイヤモンド（C）は，炭素原子が4個すべての価電子を使って，ほかの炭素原子と共有結合した構造をとっている．この構造は，正四面体が繰り返された立体構造をしている（図1）．ダイヤモンドは無色透明で，きわめて硬い．さらに融点が高く，電気伝導性はない．

黒鉛（C）は，炭素原子の4個の価電子のうち，3個がほかの炭素原子と共有結合して，網目状の平面構造をつくる．また，その平面構造が何層にも重なって結晶をつくる（図2）．各炭素原子の残りの1個の価電子は，平面構造の中を自由に動くことができるので，電気伝導性がある．黒鉛のそれぞれの平面構造は，ファンデルワールス力で結合しているため，はがれやすく，なめらかですべりやすい．

ダイヤモンドと黒鉛はどちらも炭素の単体であるが，その結合状態の違いが性質を特徴づけている．これらのことを同素体という．

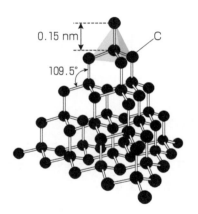

図1　ダイヤモンドの構造

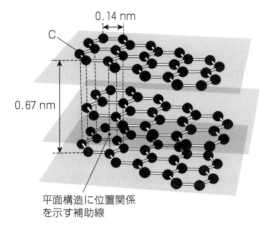

平面構造に位置関係を示す補助線

図2　黒鉛の構造

復習問題

1．次の語句を説明しなさい．

    a．混合物　　b．純物質　　c．化合物　　d．単体

2．次の元素の電子配置，価電子の数，不対電子の数，結合数を書きなさい．

    a．H　　b．C　　c．N　　d．O　　e．F

3．次の化学結合について説明しなさい．

    a．イオン結合　　b．共有結合　　c．配位結合

    d．金属結合　　e．水素結合

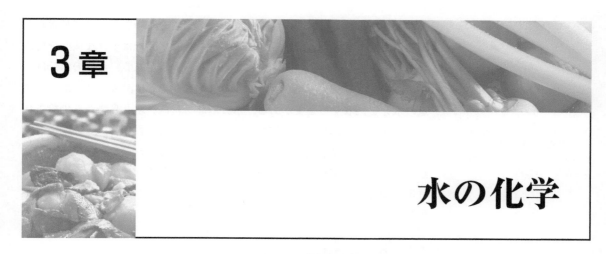

3章

水の化学

3.1 生命活動における水の役割

予習動画
のサイト

3章をタップ！

　地球は，その表面の70%が水に覆われていることから「水の惑星」とも呼ばれ，太古の海で生命が誕生・進化して現在の生態系を構築したと考えられている．したがって，この地球に存在するすべての生き物にとって，水は生命活動を支える重要な物質となっている．ヒトの身体の水分量は大人で体重の約60%を占め，赤ん坊や子供など，若いほど多くの水分が含まれているが（約70%），高齢者では少なくなる（約50%）（図3.1）．身体の水分は2/3が細胞内液，1/3が細胞外液（組織液や血漿）として存在し，さまざまな物質を溶解する溶媒として細胞の生命活動（酵素などのタンパク質による生化学反応）がスムーズに進行するのを助け，栄養素や酸素，電解質，ホルモンなどの運搬，浸透圧やpH，体温の調節，老廃物の

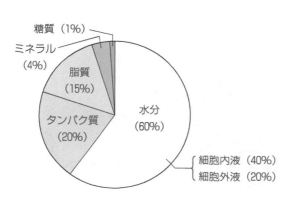

図3.1　人体の成分の割合

排出などさまざまな働きをする．皮膚は，細菌や異物などの外部刺激から保護する働きをもつが，水分量が減少した乾燥状態では十分な機能を発揮できない．また，涙には眼球の保湿や洗浄の働きがある．身体の水分は，排泄や発汗，呼気（不感蒸泄）により1日で約2.5 L消費されるため，同量の水分を摂取する必要がある．水分はおもに飲料水と食物から供給され（約2.3 L），代謝で生じる代謝水[*1]も利用される（約0.2 L）．水分が1%以上不足すると脱水症状（渇き，吐き気，立ちくらみなど）が生じ，10%以上の不足で意識障害，20%以上不足すれば死に至る．一方，塩分の取り過ぎや排泄機能の異常により水分量が過剰になると，浮腫（むくみ）が生じる．

*1　細胞のエネルギー代謝（炭水化物，脂質，タンパク質の分解）によって体内で新たに産生された水．

3.2　水の構造と性質

水分子は，2個の水素原子と1個の酸素原子が共有結合した化合物である（図3.2）．共有電子対と非共有電子対（孤立電子対）がそれぞれ2組あり，正四面体に近い分子構造をとっている．ただし，孤立電子対の反発力が大きいため，共有電子対の結合角が104.5°の折れ線形となり，正四面体形の分子であるメタン（CH_4）の結合角109.5°より小さくなる．また，酸素原子の**電気陰性度**は水素原子より大きいため，共有電子対が酸素原子に偏って存在し，酸素原子は**負電荷**，水素原子は**正電荷**を帯びる（2.4.5項参照）[*2]．したがって，折れ線形の水分子内で生じた電荷の偏りは打ち消し合うことがないため，水分子は極性をもつことになる（**極性分子**）．一方メタンは，炭素原子と水素原子の電気陰性度に大きな差がなく，かつ正四面体形で打ち消し合うために**無極性分子**となる．

*2　このような状態を分極という〔2.4.5項（1）参照〕．

水分子は，分極した酸素原子と水素原子を介して，ほかの水分子と水素結合し，静電的[*3]に引き合っている（図3.3）．水素結合はイオン結合や

*3　電離や分極により荷電した原子間に働く力を静電気力またはクーロン力という．異符号（＋と－）では引力，同符号（＋と＋，－と－）では斥力の静電的相互作用が生じる（2.4.1項参照）．

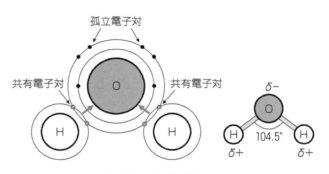

図3.2　水の分子構造

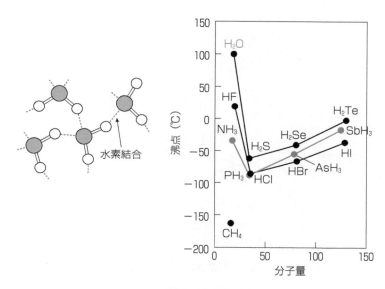

図 3.3 **水素結合による沸点上昇**

共有結合より弱いものの，この結合が 1 分子あたり 4 本あるおかげで同程度の分子量の物質と比べて水の融点と沸点は高く，室温で液体として安定に存在できる．また水素結合は，水の比熱容量[*4] と表面張力が大きいことにも関係している．

水の比熱容量は 4.18 J/(g·K)〔1 cal/(g·K)〕であり，空気の約 4 倍，エタノールの約 1.7 倍大きい．すなわち水は，熱しにくく冷めにくい性質をもっている．そのため，大半を水が占める人体の温度は外気の影響を受けにくく，体温を一定に保ちやすくなっている．また水の表面張力は，管や物質の隙間を通って拡散する性質と大きく関係する．表面張力とは，液体の表面積を小さくするように働く力である．コップにぎりぎりまで入れた水の表面や水滴は球状になっているが，これは表面の水分子が内部の水分子に引っ張られているために起こる[*5]．固体表面に液体を置いた場合，その液体が広がる（濡らす）か球状で留まるかは，それぞれの表面張力の大きさによって決まる（図 3.4）．さらに細い管のような隙間に水が入り込むと，表面張力により水が管の表面を濡らす現象と小さくまとまろうとする現象が交互に起こり，結果的に管の中を移動する[*6]．このようにして水は，血管や細胞の隙間を通って身体全体を水分で満たすことができる．

*4 物質 1 g の温度を 1℃上げるのに必要な熱量．この値が大きいものほど，温度変化を起こしにくい性質を示す．

*5 メスシリンダーやピペットなどのガラス容器内では，水は凹型の半月状に屈曲する．これをメニスカス（三日月の意）と呼び，計量の際にはその下面が標線に接するように入れなければならない．

*6 これを毛細管現象という．

3.3 水の三態

物質には固体，液体，気体の三態があり，温度によって状態は変化する．

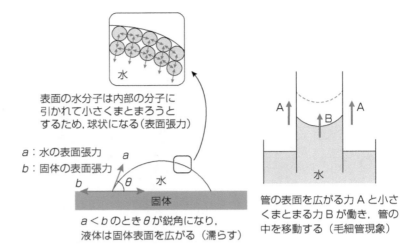

表面の水分子は内部の分子に
引かれて小さくまとまろうと
するため，球状になる（表面張力）

a：水の表面張力
b：固体の表面張力

a＜*b*のとき*θ*が鋭角になり，
液体は固体表面を広がる（濡らす）

管の表面を広がる力Aと小さ
くまとまる力Bが働き，管の
中を移動する（毛細管現象）

図3.4　表面張力と毛細管現象

　水の場合，1気圧下（私たちの日常の生活環境）では，室温で液体，
100℃以上で気体（水蒸気），0℃以下で固体（氷）として存在する．固体
から液体への変化を**融解**といい，その温度を**融点**という（図3.5）．その
逆は**凝固**といい，その温度を**凝固点**という．液体から気体への変化は**蒸発**
といい，その逆は**凝縮**という．なお，蒸発は液体表面での現象を指すが，
高温状態で蒸発が液体内部で起こる現象を**沸騰**といい，その温度を**沸点**と
いう．そして，液体を経ずに固体から気体になる，またはその逆の変化を
昇華という．

　通常，物質は固体で最大密度を示し，温度が上昇するにつれて密度は低
下する（図3.5）．これは温度上昇に伴い分子の熱運動が活発になること
と関係する．しかし，水の密度は1気圧において3.98℃で最大密度

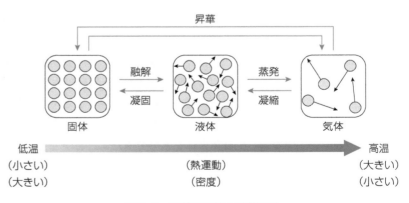

図3.5　物質の三態と状態変化

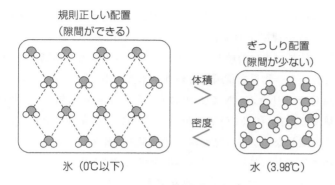

規則正しい配置
（隙間ができる）

ぎっしり配置
（隙間が少ない）

体積 >

密度 <

氷（0℃以下）

水（3.98℃）

図 3.6 氷と水における水分子の分布イメージ

$(0.99997\ \mathrm{g/cm^3})$ となり，それより高温でも低温でも密度が減少（体積は増加）する（図 3.6）．とくに水の固体状態である氷の密度は，温度が低下しているにもかかわらず，$0.9168\ \mathrm{g/cm^3}$ まで減少（体積は増加）する．これは，水分子の熱運動が穏やかになり，水分子が規則正しい配置をとって固体（氷）になることで液体の状態よりも分子間に隙間が多くできるからであり，そのため密度が減少し，体積は約 9% 増加する．氷が水に浮くのはこのためであり，冬の湖や川では表面が凍ったとしても氷は浮いて内部は水のままなので，生き物は生活できる．また，凍結保存した肉や魚を解凍すると赤い液体（ドリップ）が出ることがあるが，これは細胞内の水分が凍って体積が増加したことにより細胞膜が壊れてしまい，解凍時に細胞の中身が漏れ出てしまうために起こる．ドリップは，見た目や味，栄養価の低下につながるが，急速凍結によって氷の結晶を小さくすることで防ぐことができる[7]．

3.4 水 和

　身体や食物に含まれる水分には，栄養素やミネラル，生体成分など，さまざまな物質が溶解している．液体にほかの物質が混ざって均一になることを**溶解**といい，そのようにして得られた液体を**溶液**という．このとき，溶解した物質を**溶質**，物質を溶解している液体を**溶媒**という[8]．つまり，溶質の塩化ナトリウムを溶媒の水に溶解してできる溶液が食塩水である．また，溶媒が水の場合は**水溶液**とも呼ばれる．溶質は固体に限らず，液体（アセトンやエタノールなど）や気体（二酸化炭素や塩化水素など）も溶媒に溶けて溶液になる．また，溶媒は**極性溶媒**（水やエタノールなど）と**無極性溶媒**（クロロホルムやヘキサンなど）に分けられ，溶媒分子のもつ極性の大きさが溶質の溶解度に大きく影響する．

*7 最大氷結晶生成温度帯（$-1 \sim -5$℃）を 30 分以内に通過する．

*8 溶質分子が溶媒分子と静電的に引き合って安定化することを溶媒和という．

水分子の極性は，糖質やビタミン，ミネラルなどの栄養素や生体成分を溶解し，吸収や運搬を容易にしてくれる．塩化ナトリウム（NaCl）のようなイオン結晶が水に溶解してイオンに分かれることを電離といい，そのような性質をもつ物質を電解質という．水溶液中でほぼすべての分子が電離する塩化ナトリウム（NaCl）のような物質を強電解質，一部の分子だけが電離する酢酸（CH_3COOH）のような物質を弱電解質という．一方，まったく電離しないブドウ糖やエタノールを非電解質という．イオンが単独で存在することは難しいが，水溶液中では電離したイオンに水分子が静電的に作用することで安定して存在できる．これを水和[*9]といい，水和したイオンを水和イオンという．したがって，イオン結晶を無極性溶媒に入れても溶媒和がほとんど起こらないため溶けにくい．また，塩化銀（AgCl）や炭酸カルシウム（$CaCO_3$）のような難溶性のイオン結晶は，電離して水和イオンになるよりもイオン結合のほうが強いため水に溶けにくい．一方，非電解質の溶解性は，水分子と親和性の強い極性の官能基[*10]の寄与が大きく関係する．グルコースは五つのヒドロキシ基（水酸基，OH 基）と一つのアルデヒド基（CHO 基）をもち，これらは親水性を示す官能基であるため水に溶けやすい．メタノール（CH_3OH）やエタノール（C_2H_5OH）のようなアルコールもヒドロキシ基をもつため水に溶けるが，炭素数が多くなるにつれて分子全体の疎水性が強くなるため水に溶けにくくなる（その反面，無極性溶媒に溶けやすくなる）[*11]．このように，電解質は電離したイオンが水和することで安定化して溶けるが，非電解質は分子内の極性官能基と水分子の親和性により溶ける．

　溶質が溶媒に溶ける量には限度があり，限界まで溶けた溶液を飽和溶液という．塩化ナトリウム（NaCl）を一定温度の水に徐々に加えていくと，溶けきらずに沈殿が生じて飽和溶液が得られる．このとき，沈殿した塩化

*9　結晶中で水和して存在する水分子を水和水といい，水和水をもつ物質を水和物という．

*10　有機化合物の分子中に特有の性質や反応性を与える構造を指す．

*11　親水基と疎水基をもつ脂肪酸のような両親媒性分子は，ミセルや脂質二重膜を形成し，細胞膜の基本構造となるほか，食品や洗剤（界面活性剤），化粧品などに利用される．

Column

飽和と病気

　激しい関節炎を伴う痛風という病気は，末梢の関節に尿酸の結晶が蓄積することで起こると考えられている．食習慣やストレスなどにより血液中の尿酸値が 7.0 mg/dL を超えて高尿酸血症が続くと，血液中の尿酸が飽和して結晶化する．最近では，痛風の発症には遺伝的要因も大きいと考えられている．尿路結石は尿中のシュウ酸カルシウム濃度が，胆石は胆汁中のコレステロール濃度が飽和して析出することがおもな原因であると考えられている．

Column

水分活性と食品の保存

食品中の水分子には，タンパク質などの成分に水和しているものと自由に存在しているものがある．前者を結合水，後者を自由水といい，微生物の繁殖などには自由水が利用される．食品中の自由水の割合を水分活性（water activity, Aw）といい，これを低下させることで食品の保存性を高めることができる．食材を食塩や糖に漬ける塩蔵・糖蔵の保存性が高い理由の一つとして，自由水を食塩や糖と水和させることで水分活性を低下させることが挙げられる．

ナトリウム（NaCl）は水に溶けていないように見えるが，実際は塩化ナトリウム（NaCl）の分子が水和して溶解する速さと結晶にもどって析出する速さが釣り合っているため，見かけ上溶解が止まった状態（**溶解平衡**）となっている．また，溶媒 100 g に溶解する溶質の最大質量（g）を**溶解度**といい，一般的に溶媒の温度を上げると溶解度は増加するが，塩化ナトリウム（NaCl）のように変化の少ないものや，水酸化カルシウム〔$Ca(OH)_2$〕のように減少するものもある．

　有機物の水溶液に可溶性の塩類を添加すると，有機物が沈殿することがある．これを**塩析**といい，塩化ナトリウム（NaCl）のような電解質が溶質と水和していた水分子を奪うか，分子表面の電荷を中和した結果，溶質の溶解度が下がり析出してくる．タンパク質溶液に硫酸アンモニウム〔$(NH_4)_2SO_4$〕を加え，タンパク質を塩析させて分離する方法が生化学的解析に用いられる．またセッケンの製造では，塩化ナトリウム（NaCl）による塩析を利用して，セッケンの純度を高める工程がある．

3.5　モル濃度

　溶液に含まれる溶質の量や割合を**濃度**といい，科学的に事象を考えるうえで欠かすことのできない概念である．生物は，外界から生命活動を行うために必要な成分（栄養素）を摂取して，身体の組織やエネルギーに変換（代謝）し，不要な物質を排出している．1 日に必要な栄養素の摂取量はそれぞれ異なり，食品中の栄養素の含量や体内への吸収率，血液への溶解度もやはりさまざまである．糖分や塩分，脂質の取り過ぎは生活習慣病の原因になることから，バランスのとれた食事をつくるために調理しながら計算しなければならない．また，血中の生体成分の濃度ならびに尿中への老廃物の排出量[*12] は，健康状態を把握するために大きく役立つ．したが

*12　健康診断で測定する糖や中性脂肪，コレステロール，ホルモン，タンパク質などである．

って，栄養学や食品学，医学を学ぶなかで栄養素や生体成分の理解を深めるために，物質量および濃度に関する知識を身につける必要がある．

溶液の濃度には，いくつかの表し方がある[*13]．

*13　微量成分を表した ppm（parts per million，100万分率），ppb（parts per billion，10億分率）などがある．

- 質量パーセント濃度(w/w%) ＝ 溶質(g)/溶液(g) × 100
  溶液の質量（g）における溶質の質量（g）の割合
  例：70 g のエタノールを含む 100 g 水溶液（70 w/w%）
- 体積パーセント濃度(v/v%) ＝ 溶質(L)/溶液(L) × 100
  溶液の体積（L）における溶質の体積（L）の割合
  例：70 mL のエタノールを含む 100 mL 水溶液（70 v/v%）
- 質量体積パーセント濃度(w/v%) ＝ 溶質(g)/溶液(mL) × 100
  溶液の体積（mL）における溶質の質量（g）の割合
  例：70 g のエタノールを含む 100 mL 水溶液（70 w/v%）
- 質量体積濃度(g/L) ＝ 溶質(g)/溶液(L)
  溶液の体積（L）における溶質の質量（g）の割合
  例：10 g の塩化ナトリウムを含む 1 L 水溶液（10 g/L）

*14　たとえば1Lの溶液をつくる場合，1Lの溶媒に溶質を溶かすと溶液量が1Lを超えるので，少なめの溶媒に溶質を溶かした後に1Lとなるよう溶媒を足していく．

濃度は溶液中の溶質の割合であるため，いずれも分母が溶媒ではなく溶液であることに注意する必要がある[*14]．また，質量体積パーセント濃度（w/v%）はあまり用いられず，質量体積濃度で表されることが多い．単純に溶液の濃度を表すのであれば，これらを使った表記で十分であるが，溶液中でのさまざまな化学反応を考えるうえではモル濃度（mol/L）を使う必要がある（2.2.4項参照）．溶質のモル質量（g/mol）を使えば，質量体積（パーセント）濃度からモル濃度に換算すること，またその逆も可能である．溶液の混合や物質の化学変化を考える場合，溶質の質量（g）よりも物質量（mol）を使うほうがはるかに便利である[*15]．たとえば，硫酸と水酸化ナトリウムの水溶液を混ぜて過不足なく反応させたい場合，硫酸の重量から必要な水酸化ナトリウムをすぐには判別できないが，物質量からはすぐに判別できる．したがって，硫酸溶液のモル濃度に合わせて必要なモル濃度の水酸化ナトリウム溶液の調製や混合が容易にできる．

*15　物質量は物質の数を意味する値である．化学反応は物質が出合う頻度によって起こりやすさが変わるので，数がイメージできるほうが便利である．

- モル濃度(mol/L) ＝ 溶質(mol)/溶液(L)
  溶液の体積（1 L）に含まれる溶質の物質量（mol）
  例：0.2 mol の塩化ナトリウムを含む 1 L の水溶液（0.2 mol/L）

また，酸と塩基の水溶液については規定度（N，Eq./L）（当量濃度ともいう）で表すことがある[*16]．物質量（mol）は，原子や分子，イオンなど

*16　一般的ではないが，滴定ではまだよく使われる．

表3.1 **酸と塩基の価数**

	酸		塩基	
1価	塩化水素 フッ化水素 硝酸 酢酸	HCl HF HNO_3 CH_3COOH	水酸化ナトリウム 水酸化カリウム アンモニア	NaOH KOH NH_3
2価	硫酸 シュウ酸	H_2SO_4 $(COOH)_2$	水酸化カルシウム 水酸化マグネシウム 水酸化銅（Ⅱ）	$Ca(OH)_2$ $Mg(OH)_2$ $Cu(OH)_2$
3価	リン酸	H_3PO_4	水酸化アルミニウム 水酸化鉄（Ⅲ）	$Al(OH)_3$ $Fe(OH)_3$

粒子の量であるため，いろいろな観点から物質量を表すことができる．すなわち，酸と塩基についてはそれぞれ水素イオン（H^+）とヒドロキシ（水酸化物）イオン（OH^-）の物質量で表すことができ，1 mol の硫酸（H_2SO_4）と水酸化ナトリウム（NaOH）であれば，それぞれ水素イオンが2 mol，ヒドロキシイオンが1 mol 電離することになる．このように，電離した水素イオンやヒドロキシイオンの物質量を**当量数**（**Eq.**）として表すことがある．当量数は物質量に**価数**を乗じたものである．価数とはすなわち，酸と塩基の分子内にある水素イオン（H^+）とヒドロキシイオン（OH^-）の数である（表3.1）．そして，ある当量数の溶質が1 L の溶液に含まれるときの濃度が**規定度**（**当量濃度**）である．モル濃度に価数を乗じて求めることもできる．中和反応を考える場合，当量数（水素イオンとヒドロキシイオンの物質量）を合わせれば中和するので[17]，溶質そのものの物質量よりも酸や塩基の当量数で考えるほうが都合がよい．これは酸化還元反応でも同じであり，その場合は電子の数が当量数で表される．

硫酸（H_2SO_4）＋ 水酸化ナトリウム（NaOH）$\longrightarrow$

$\qquad\qquad\qquad$ 硫酸ナトリウム（Na_2SO_4）＋ 水（H_2O）

98 g	80 g
1 mol	2 mol
2 Eq.	2 Eq.

過不足なく反応する量

[17] 酸と塩基が過不足なく中和する場合，次式が成り立つ．

酸の価数×酸の物質量＝
　塩基の価数×塩基の物質量

Column

単位の接頭語

　質量や体積，物質量を計算すると，桁数が非常に大きく，あるいは小さくなるときがあるが，桁数を表す接頭語を用いれば，数字を小さくまとめることができる．頻繁に用いるので覚えておこう．なお，マイクロのみギリシャ文字で表すことになっている．基本的なルールとして，接頭語は重ねて使ってはいけない〔dmg（デシミリグラム）ではなく 0.1 mg〕．また表記する単位の中で，接頭語はできるだけ少なくするほうが好ましい（mg/mL ではなく g/L）．さらに単位に指数がついている場合は，接頭語も含めたものなので注意が必要である〔$cm^3 = (cm)^3 = (10^{-2} m)^3$〕．

表1　単位につけられる接頭語

記号	読み方	数値	例
k	キロ	$10^3 = 1000$	1 kg = 1000 g
d	デシ	$10^{-1} = 0.1$	1 dL = 0.1 L = 100 mL
c	センチ	$10^{-2} = 0.01$	1 cm = 0.01 m = 10 mm
m	ミリ	$10^{-3} = 0.001$	1 mL = 0.001 L
μ	マイクロ	$10^{-6} = 0.000001$	1 μg = 0.001 mg
n	ナノ	$10^{-9} = 0.000\ 000\ 001$	1 nm = 10 億分の 1 m
p	ピコ	$10^{-12} = 0.000\ 000\ 000\ 001$	1 ps = 1 兆分の 1 秒

復習問題

1. ヒトが水を定期的に摂取しなければならない理由を簡潔に説明しなさい．
2. 電解質の水和について簡潔に説明しなさい．
3. 非電解質の水和について簡潔に説明しなさい．
4. 塩析について簡潔に説明しなさい．
5. モル濃度について簡潔に説明しなさい．

4章

酸と塩基

4.1　酸と塩基の定義

予習動画
のサイト

4章をタップ！

　生体成分や食品成分，医薬品，農薬と，さまざまな構造の化合物が存在する．その多くが酸や塩基の性質をもっており，物性や反応性に大きく関わっている．したがって，化合物を十分に理解するうえで酸と塩基に関する知識は必要不可欠である．

　酸は，「食酢のように酸味を呈する」，「青色リトマス紙を赤色に変える」，「金属と反応して水素を発生する」といった性質をもつ．これらの性質を示すことを酸性という．一方，塩基は，酸と反応して酸性を打ち消し，赤色リトマス紙を青色に変える．これを塩基性[*1]という．1887年，化学者のアレニウス（スウェーデン）は，「水溶液中で電離して水素イオン（H^+）を生じる物質が酸，ヒドロキシ（水酸化物）イオン（OH^-）を生じる物質が塩基である」と定義した（表4.1）．塩酸や硫酸，酢酸などは，水溶液中で電離して水素イオンを生じるので酸である．なお，水溶液中で生じ

*1　水に溶けやすい塩基を「アルカリ」というため，アルカリ性は水溶液に対する限定的な表現である．

表4.1　アレニウスの定義における酸と塩基

酸	$\longrightarrow$	H^+	+	陰イオン
HCl	$\longrightarrow$	H^+	+	Cl^-
H_2SO_4	$\longrightarrow$	$2H^+$	+	SO_4^{2-}
CH_3COOH	$\rightleftharpoons$	H^+	+	CH_3COO^-

塩基	$\longrightarrow$	陽イオン	+	OH^-
NaOH	$\longrightarrow$	Na^+	+	OH^-
$Ca(OH)_2$	$\longrightarrow$	Ca^{2+}	+	$2OH^-$
$Ba(OH)_2$	$\longrightarrow$	Ba^{2+}	+	$2OH^-$

た水素イオンは単独で存在せず，水分子に配位結合してオキソニウムイオン（H_3O^+）になって存在している．水酸化ナトリウムや水酸化カルシウム，水酸化バリウムなどは，水溶液中で電離してヒドロキシイオンを生じるので塩基である．しかし塩基性のアンモニア（NH_3）は，水溶液中で水分子の水素を引き抜いてヒドロキシイオンを発生させるが，自ら電離してヒドロキシイオンを発生させるわけではないので，アレニウスの定義に合わない．さらに，塩酸やアンモニアのように気体状態（気相）で酸と塩基が反応することもあるため，水溶液（液相）に限定したアレニウスの定義は酸と塩基を説明するには不十分であった．

　そこで1923年，化学者のブレンステッド（オランダ）とローリー（イギリス）がそれぞれ独立して「酸はプロトン（H^+）[*2]を与える物質（供与体）であり，塩基はプロトンを受けとる物質（受容体）である」と定義した．塩化水素（HCl）はプロトンを水分子に与えているので酸として作用し，水分子はプロトンを受けとっているので塩基として作用する（表4.2）．アンモニアが塩基性である理由もこの定義で説明でき，アンモニアはプロトンを受けとるので塩基として作用する．ただし，このときの水分子は酸として働いているので，塩化水素に対する塩基としての働きとは逆であり，ブレンステッド–ローリーの定義では同じ物質であっても酸と塩基のどちらで作用するかは反応ごとに変わる．また，気相における酸と塩基の反応もブレンステッド–ローリーの定義で説明できるようになる．さらに，反応内において酸は塩基，塩基は酸になることから，反応が逆に進行すれば酸と塩基が入れ替わることになる．すなわち，酸と塩基は共役[*3]していると考える．たとえば，酢酸イオンは酢酸の共役塩基であり，アンモニウムイオンはアンモニアの共役酸であるという．そして，共役している酸と塩基の強さは逆の関係にあり，強酸の共役塩基は弱塩基，強塩基の共役酸は弱酸である．

*2　プロトンとはそもそも陽子のことであるが，陽子1個と電子1個からなる水素原子から電子を失ったものが水素イオンであるため，水素イオンを陽子として見なすことができる．そこで水素イオンをプロトンと呼ぶことが多い．

*3　ともに存在して，入れ替わっても性質が変わらないという意味．

表4.2　ブレンステッド–ローリーの定義における酸と塩基

酸	塩基	酸	塩基
HCl + H_2O	$\longrightarrow$	H_3O^+ +	Cl^-
CH_3COOH + H_2O	$\rightleftharpoons$	H_3O^+ +	CH_3COO^-
HCl + NH_3	$\longrightarrow$	NH_4^+ +	Cl^-
H_2O + NH_3	$\rightleftharpoons$	NH_4^+ +	OH^-

共役

4.2 酸と塩基の強さ

塩酸と酢酸は，同じモル濃度の水溶液であっても金属に対する反応の強さが異なる．これは，電離して発生したプロトン（H^+）の数が違うためである．塩基も同様に，水酸化ナトリウムとアンモニアでは，より多くの分子が電離する水酸化ナトリウムのほうがアンモニアより強い塩基性を示す．このように，酸と塩基の強さは溶液中での電離の程度に依存しており，電離度 α で表すことができる．

$$電離度\ \alpha = \frac{電離した酸（塩基）の物質量またはモル濃度}{溶解した酸（塩基）の物質量またはモル濃度} \quad (0 < \alpha \leqq 1)$$

電離度が大きいほど強い酸または塩基である．すなわち，溶液中で溶質のほとんどが電離（$\alpha \fallingdotseq 1$）している酸を強酸，塩基を強塩基という．一方，電離度が非常に小さい酸を弱酸，塩基を弱塩基という（図4.1）．これは価数とは関係のない性質である（表4.3）．たとえば，25℃ における 0.10 mol/L 塩酸の電離度は 0.94 でほぼ1であり，酢酸は 0.016 と1よりはるかに小さい．すなわち，1 L の酢酸水溶液中で酢酸分子は 0.0016 mol

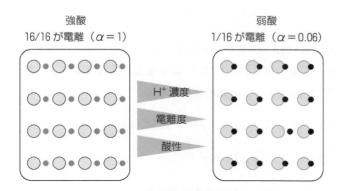

強酸
16/16 が電離（$\alpha = 1$）

弱酸
1/16 が電離（$\alpha = 0.06$）

H^+ 濃度

電離度

酸性

図 4.1 **強酸と弱酸の電離度**

表 4.3 **酸と塩基の強弱と価数**

	強酸		弱酸		強塩基		弱塩基	
1価	塩化水素 硝酸	HCl HNO₃	フッ化水素 酢酸	HF CH₃COOH	水酸化ナトリウム 水酸化カリウム	NaOH KOH	アンモニア	NH₃
2価	硫酸	H₂SO₄	シュウ酸	(COOH)₂	水酸化カルシウム	Ca(OH)₂	水酸化マグネシウム 水酸化銅（Ⅱ）	Mg(OH)₂ Cu(OH)₂
3価			リン酸*	H₃PO₄			水酸化アルミニウム 水酸化鉄（Ⅲ）	Al(OH)₃ Fe(OH)₃

* リン酸の電離度は塩酸より小さく酢酸より大きいので，中程度の強さの酸である．

のみ電離していることになる．ただし，濃度と温度によって電離度は変化し，弱酸や弱塩基であっても非常に希薄な溶液では電離度が 1 に近づく．

4.3　弱酸と弱塩基の電離定数

前節で述べたように，酢酸やアンモニアのような弱酸・弱塩基は，溶液中で一部だけが電離する．ただし，決まった分子のみが電離しているのではなく，電離していない分子と電離した分子が入れ替わりながら常に一定数存在している（図 4.2）．すなわち，弱酸・弱塩基は可逆反応により一部が電離した状態にある．このように，化学反応が可逆的に起こることで量的に釣り合った状態になることを**化学平衡**といい，電離の場合は**電離平衡**（**解離平衡**）という．一定温度で平衡状態にある可逆反応では次式が成り立ち，これを**質量作用の法則（化学平衡の法則）**という．この式で，物質は大文字，係数は小文字で表し，物質のモル濃度を［大文字］としている．

$$a\text{A} + b\text{B} \rightleftharpoons c\text{C} + d\text{D}$$

$$\text{平衡定数 } K = \frac{[\text{C}]^c\,[\text{D}]^d}{[\text{A}]^a\,[\text{B}]^b} \quad \text{単位：} (\text{mol/L})^{(c+d)-(a+b)}$$

平衡定数 K[*4] は，温度が一定であれば，物質の濃度に関係なく一定の値をとる．電離平衡において K は**電離定数**（**解離定数**）とも呼ばれ，酢酸水溶液を例に考えると次式のようになる．

$$\text{CH}_3\text{COOH} + \text{H}_2\text{O} \rightleftharpoons \text{H}_3\text{O}^+ + \text{CH}_3\text{COO}^-$$

$$\text{電離定数 } K = \frac{[\text{H}_3\text{O}^+][\text{CH}_3\text{COO}^-]}{[\text{CH}_3\text{COOH}][\text{H}_2\text{O}]}$$

弱酸の電離平衡では，水分子の濃度変化を無視できることから，次式のように変えることができる[*5]．

＊4　平衡定数の単位は化学反応式の係数によって変化し，両辺の分子数が等しいときは無単位となるが，それ以外の場合は単位がつくことに注意する．

＊5　電離定数 K の下付文字の a と b は，それぞれ acid（酸）と base（塩基）を表す．

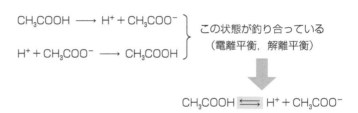

図 4.2　酢酸の電離平衡

$$CH_3COOH \rightleftharpoons H^+ + CH_3COO^-$$

酸解離定数 $K_a = \dfrac{[H^+][CH_3COO^-]}{[CH_3COOH]}$ (4.1)

弱塩基（アンモニア）についても同様に次式で表すことができる[*5].

$$NH_3 + H_2O \rightleftharpoons NH_4^+ + OH^-$$

電離定数 $K = \dfrac{[NH_4^+][OH^-]}{[NH_3][H_2O]}$

塩基解離定数 $K_b = \dfrac{[NH_4^+][OH^-]}{[NH_3]}$

また酸および塩基解離定数は，次式のように，負の常用対数である pK_a または pK_b で表される．強い酸ほど，この数値が小さくなる．

$$pK_a = -\log K_a$$ (4.2)

ここで，弱酸・弱塩基の濃度を $C \, \text{mol/L}\,(C \geq 10^{-6})$ とすると[*6]，電離度 α と電離定数 K は次のような関係になる．

弱酸 （弱塩基）	CH_3COOH (NH_3)	H^+ (NH_4^+)	CH_3COO^- (OH^-)
電離前	C	0	0
変化量	$-C\alpha$	$+C\alpha$	$+C\alpha$
平衡時	$C(1-\alpha)$	$C\alpha$	$C\alpha$

$$K = \frac{C\alpha \times C\alpha}{C(1-\alpha)} = \frac{C\alpha^2}{1-\alpha}$$ (4.3)

電離度が十分に小さい（$\alpha \leq 0.05$）弱酸や弱塩基は $1 - \alpha \fallingdotseq 1$ と見なすことができるため，式(4.3)から電離定数 K と電離度 α は，次の①のように定義できる．$1 - \alpha \fallingdotseq 1$ と見なせない場合（$\alpha > 0.05$）は，式(4.3)について二次方程式の解の公式[*7]を用いて計算する（②）．

① $\alpha \leq 0.05$ の場合

$$K = C\alpha^2$$ (4.4)

$$\alpha = \sqrt{\frac{K}{C}}$$ (4.5)

② $\alpha > 0.05$ の場合

$$\alpha = \frac{-K + \sqrt{K^2 + 4CK}}{2C}$$ (4.6)

*6 $C < 10^{-6}$ では中性に近づき，電離した水に由来する水素イオンの影響を受けて式が成立しなくなる．そこでここでは $C \geq 10^{-6}$ と仮定している．

*7 $ax^2 + bx + c = 0$ のとき
$$x = \frac{-b \pm \sqrt{b^2 - 4ac}}{2a}$$
となる．式 (4.3) は $C\alpha^2 + K\alpha - K = 0$ と整理でき，
$$\alpha = \frac{-K \pm \sqrt{K^2 + 4CK}}{2C}$$
となるが，$\alpha > 0.05$ なので
$$\alpha = \frac{-K - \sqrt{K^2 + 4CK}}{2C}$$
は該当しない．

4.4 水のイオン化とイオン積

　純粋な水も，わずかに電離して水素イオンとヒドロキシイオンを生じている．その電離定数は次のように表される．

$$H_2O \rightleftharpoons H^+ + OH^-$$

$$電離定数\ K = \frac{[H^+][OH^-]}{[H_2O]}$$

　水の電離における水分子の濃度変化は，温度が一定の場合に無視できることから，次式のように見なすことができる．これを水のイオン積 K_w という．

$$K[H_2O] = K_w = [H^+][OH^-] \tag{4.7}$$

　25℃ における K_w は $1.0 \times 10^{-14}(mol/L)^2$ であり，すなわち $[H^+] = [OH^-] = 1.0 \times 10^{-7}\,mol/L$ となる．水溶液における酸性と塩基性の強さは，それぞれ水素イオンとヒドロキシイオンの濃度によって決まるが，式(4.7) からわかるように，水素イオンとヒドロキシイオンは反比例の関係にある．水素イオンとヒドロキシイオンの濃度の積は，温度が一定であれば不変であることから，水溶液の酸性と塩基性の強さを水素イオン濃度に着目して**水素イオン指数 pH** として表すことができる[*8]．pH は水素イオン濃度を負の常用対数で示したものである．

$$pH = - \log [H^+] \tag{4.8}$$

　純水の 25℃ における水素イオン濃度は $1.0 \times 10^{-7}\,mol/L$ であることから，式(4.8) より pH ＝ 7 となる．このときヒドロキシイオンも同じ濃度で存在することから，pH ＝ 7 は中性となる．

4.5 酸と塩基の pH

　酸や塩基の溶液における水素イオン濃度 $[H^+]$ を厳密に求める場合，質量作用の法則（解離定数），質量保存則（物質収支），電荷保存則（電荷収支），および水のイオン積 K_w より算出する．とくに多価の酸や塩基では，段階的に電離するため，価数を乗ずるだけでは水素イオン濃度 $[H^+]$ やヒドロキシイオン濃度 $[OH^-]$ を求めることができず，厳密な算出が必要となる．しかし，ここでは基礎的な理解に留めて簡便な計算式を解説する．

　濃度 $C\,mol/L$ の酸性水溶液中で発生する，すべての水素イオン濃度 $[H^+]$ を $x\,mol/L$ とすると，水の電離に由来する水素イオン濃度 $[H^+]$（＝

[*8] 式 (4.7) から
$$[H^+] = \frac{K_w}{[OH^-]}$$
となる．これを式 (4.8) に代入すると
$$pH = - \log K_w + \log [OH^-]$$
となり，$- \log K_w = pK_w$ とすると
$$pH = pK_w + \log [OH^-]$$
と表すこともできる．

ヒドロキシイオン濃度〔OH^-〕）は $x - C$ mol/L となる．これらを式(4.7) に代入して二次方程式の解の公式を用いれば，水素イオン濃度〔H^+〕を算出できる．強塩基についても同様の考え方でヒドロキシイオン濃度〔OH^-〕を算出できる．そして，算出した水素イオン濃度〔H^+〕と式(4.8) より，水溶液の pH も算出できる．

$$K_w = x(x - C)$$
$$x^2 - Cx - K_w = 0$$
$$x = [H^+] = \frac{C + \sqrt{C^2 + 4K_w}}{2} \tag{4.9}$$

1価の強酸や強塩基の場合，ほぼすべてが電離しているので，水の電離を無視できる（$C^2 \gg 4K_w$）．つまり，濃度 C が 1.0×10^{-6} mol/L と非常に薄い溶液であっても，$C^2 + 4K_w$ の平方根は 1.02×10^{-6} となり，C^2 の平方根とほぼ同じ値を示す．したがって，水素イオン濃度〔H^+〕（ヒドロキシイオン濃度〔OH^-〕）は溶質の濃度 C mol/L と同じと見なすことができる[*9]．しかし，さらに希薄になると，溶質に由来する水素イオンやヒドロキシイオンが極端に少なくなり，水の電離で生じるイオンを無視できなくなる（$C^2 \fallingdotseq 4K_w$ または $C^2 < 4K_w$）．水の電離を無視すると，10^{-8} mol/L の酸性水溶液の pH が 8 となり，塩基性水溶液になるという矛盾が生じる．しかし，極端に薄い酸性または塩基性水溶液では，水の電離の影響により pH が 7 を超えて増減することはない．たとえば，塩酸溶液の pH は 10^{-7} mol/L で 6.79，10^{-8} mol/L で 6.98 であり，薄めれば薄めるほど pH は 7 に近づく．一方，弱酸や弱塩基については，電離度に合わせて式(4.5) または式(4.6) を使うことで，簡便に水素イオン濃度〔H^+〕を求めることができる．

① $\alpha \leqq 0.05$ の場合

$$[H^+] = C\alpha = C\sqrt{\frac{K_a}{C}} = \sqrt{CK_a} \tag{4.10}$$

② $\alpha > 0.05$ の場合

$$[H^+] = C\alpha = \frac{-K_a + \sqrt{K_a{}^2 + 4CK_a}}{2} \tag{4.11}$$

■ 4.6 緩衝作用

弱酸や弱塩基の水溶液中における電離は平衡状態にあり，そこに酸や塩基を少量加えると，ルシャトリエの原理[*10]から平衡状態を維持するよう

*9 $C^2 \gg 4K_w$ のとき，式 (4.9) は
$$[H^+] = \frac{C + \sqrt{C^2}}{2} = C$$
となる．

*10 平衡状態にある化学反応で，何らかの条件（濃度，圧力，温度）を変化させると，その変化の効果を小さくする方向に反応が進み，新たな平衡状態になるという法則．

Column

水素イオン濃度の厳密な計算方法

　1価の酸を例に，水素イオン濃度 $[H^+]$ の厳密な計算方法を示そう．多価の酸や塩基については，電離定数，物質収支および電荷収支の項目が増えるので注意が必要である．

反応

$$HA \rightleftharpoons H^+ + A^-$$
$$H_2O \rightleftharpoons H^+ + OH^-$$

質量作用の法則（解離定数）

$$K_a = \frac{[H^+][A^-]}{[HA]} \tag{1}$$

質量保存則（物質収支）

$$C = [HA] + [A^-]$$
$$[HA] = C - [A^-] \tag{2}$$

電荷保存則（電荷収支）

$$[H^+] = [A^-] + [OH^-]$$
$$[A^-] = [H^+] - [OH^-] \tag{3}$$

水のイオン積

$$K_w = [H^+][OH^-]$$

$$[OH^-] = \frac{K_w}{[H^+]} \tag{4}$$

解離定数（1）に物質収支の式（2）と電荷収支の式（3）を代入し，さらに $[OH^-]$ に（4）を代入すると次式のようになる．

$$K_a = \frac{[H^+]([H^+] - [OH^-])}{C - ([H^+] - [OH^-])} \tag{5}$$

$$K_a = \frac{[H^+]\{[H^+] - (K_w/[H^+])\}}{C - \{[H^+] - (K_w/[H^+])\}} \tag{6}$$

式（6）を水素イオン濃度 $[H^+]$ について整理すると，次の三次方程式が得られ，これを解けば厳密な水素イオン濃度 $[H^+]$ が求まる．

$$[H^+]^3 + K_a[H^+]^2 - (K_w + CK_a)[H^+] - K_aK_w = 0 \tag{7}$$

なお式（5）について，弱酸の水溶液であれば，$[H^+] \gg [OH^-]$ かつ $C - [H^+] \fallingdotseq C$ と考えると式（4.10）が得られる．

に反応が進行する．たとえば，酢酸が電離した状態で平衡に達している水溶液に酸や塩基を加えると，理論的には水素イオン濃度が平衡に達するように化学反応が進む（図4.3）．しかし，酢酸（0.10 mol/L，25℃）の電離度は小さく（0.016），酢酸分子100個のうち1～2個程度しか電離していないので，酸を添加した場合には平衡状態がすぐに崩れてしまう．しかし，ここに共役塩基である酢酸ナトリウムを共存させると，酸を加えた場合（図4.3①）は酢酸イオンが水素イオンと結合し，塩基を加えた場合（図4.3②）は酢酸分子が電離することで平衡状態は保たれ，pHは大きく変動しなくなる．このように，弱酸と共役塩基または弱塩基と共役酸の水溶液は，少量の酸や塩基を加えてもpHをほぼ一定に保つ作用がある．これを緩衝作用といい，そのような水溶液を緩衝液という．酢酸/酢酸ナトリウム緩衝液やアンモニア/塩化アンモニウム緩衝液，炭酸ナトリウム/重炭酸ナトリウム緩衝液など，用途や緩衝領域に合わせて利用されている

① 酸を加える

HA $\longleftrightarrow$ H$^+$ + A$^-$

水素イオンが増えるので減らす方向に進む

② 塩基を加える

HA $\longleftrightarrow$ H$^+$ + A$^-$

水素イオンが減るので増やす方向に進む

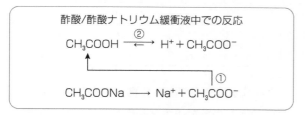

酢酸/酢酸ナトリウム緩衝液中での反応

CH$_3$COOH $\overset{②}{\longleftrightarrow}$ H$^+$ + CH$_3$COO$^-$

CH$_3$COONa $\longrightarrow$ Na$^+$ + CH$_3$COO$^-$ ①

図 4.3 **緩衝液の働き**

表 4.4 **緩衝液によく用いられる弱酸と弱塩基**

	pK_a	共役塩基，共役酸
ギ酸	3.75	ギ酸ナトリウム
		ギ酸アンモニウム
酢酸	4.76	酢酸ナトリウム
		酢酸アンモニウム
炭酸	pK_{a1}：6.35	炭酸水素ナトリウム
	pK_{a2}：10.32	
リン酸	pK_{a1}：2.15	リン酸水素ニナトリウム
	pK_{a2}：7.20	リン酸水素二カリウム
	pK_{a3}：12.35	
アンモニア	9.25	塩化アンモニウム
HEPES*	7.55	水酸化ナトリウム
		水酸化カリウム
Tris*	8.08	塩酸
		酢酸
		ホウ酸

＊ HEPES: 4-(2-hydroxyethyl)-1-piperazineethanesulfonic acid, ヘペスと読む．Tris: tris(hydroxymethyl)aminomethane, トリスと読む．

（表 4.4）．タンパク質や遺伝子の解析，低分子化合物の分析のほか，体液に近い浸透圧をもたせたリン酸緩衝生理食塩水（phosphate buffered saline, PBS）は細胞実験にも用いられる．

　酢酸/酢酸ナトリウム緩衝液において，酢酸と酢酸ナトリウムの濃度をそれぞれ C_a mol/L，C_s mol/L とした場合，酢酸分子，水素イオンおよび酢酸イオンの濃度は次のようになる．

	CH_3COOH	H^+	CH_3COO^-
電離前	C_a	0	0
電離後	$C_a(1-\alpha)$	$C_a\alpha$	$C_a\alpha$
	CH_3COONa	Na^+	CH_3COO^-
電離前	C_s	0	0
電離後	0	C_s	C_s
近似	$C_a(1-\alpha) \fallingdotseq C_a$		$C_a\alpha + C_s \fallingdotseq C_s$

　酢酸ナトリウムは水溶液中ですべて電離するため，$C_s\,mol/L$ の酢酸ナトリウムから $C_s\,mol/L$ の酢酸イオンが生じる．一方，酢酸は電離平衡となるが，**共通イオン効果**[*11] により酢酸イオンの発生が抑えられるため，ほぼ電離しない状態で存在する．したがって，酢酸分子の濃度は酢酸の濃度 $C_a\,mol/L$，酢酸イオンの濃度は酢酸ナトリウムの濃度 $C_s\,mol/L$ と見なすことができる．このときの水素イオン濃度および pH は，酸解離定数（式 4.1）を用いて次のように表すことができる．

*11　あるイオンが存在する溶液に，共通のイオンを放出する物質を溶解させると，共通するイオンが相手イオンの濃度を減少させる電離平衡（図 4.3 ①参照）．

$$K_a = \frac{[H^+]C_s}{C_a}$$
$$\log K_a = \log\frac{[H^+]C_s}{C_a}$$
$$\log K_a = \log[H^+] + \log\frac{C_s}{C_a}$$
$$-\log[H^+] = -\log K_a + \log\frac{C_s}{C_a}$$
$$pH = pK_a + \log\frac{C_s}{C_a} \tag{4.12}$$

　式（4.10）は**ヘンダーソン–ハッセルバルヒの式**と呼ばれ，緩衝液の pH の算出や，電解質の化学平衡状態を見積もるのに用いられる．この式によれば，酸と塩基の濃度が同じであれば（$C_a = C_s\,mol/L$），pH は酸解離定数 pK_a と同じになる．このような pH のとき，緩衝能力は最大となる．緩衝領域は $pH = pK_a \pm 1$ である．たとえば，$pK_a = 4.8$ の酢酸とその共役塩基の酢酸ナトリウムを同じ濃度で溶解した水溶液は，pH 5 付近で緩衝作用を発揮する緩衝液として広く利用される．弱塩基と共役酸の緩衝液でも同様である．また多価の弱酸や弱塩基は，複数の解離定数をもつため，複数の緩衝領域をもつことになる．

　生物は代謝により常に酸性物質をつくっているため，体液は酸性側に傾

① ヘモグロビン緩衝系

$$CO_2 + H_2O \rightleftharpoons H_2CO_3 \rightleftharpoons H^+ + HCO_3^-$$

└──→ ヘモグロビンと結合 ←──┘   └──→ 血液中に放出
- 肺で CO_2 として放出
- 緩衝系で働く

② 炭酸-重炭酸緩衝系

$$H^+ + HCO_3^- \rightleftharpoons H_2CO_3 \rightleftharpoons CO_2 + H_2O$$

③ タンパク質緩衝系

$$R-COOH \rightleftharpoons H^+ + R-COO^-$$
$$R-NH_3^+ \rightleftharpoons H^+ + R-NH_2$$

④ リン酸緩衝系

$$H_2PO_4^- \rightleftharpoons H^+ + HPO_4^{2-}$$

図 4.4 体内の重要な緩衝系

きやすい．また，常に酸性や塩基性のさまざまな物質にさらされているため，体液の pH は変化しやすい環境にある．しかし，体内には複数の緩衝系が存在し，pH の変動を小さく抑えている（図 4.4）．血液の pH は 7.4 に維持されているが，pH を上昇させるアルカローシスや低下させるアシドーシスの状態になると身体にさまざまな悪影響を及ぼす．さらに，血液の pH が 6.8 以下または 7.8 以上になると死に至ることから，血液の pH バランスは生命維持に必要不可欠である．

　代謝などで生じた血中の二酸化炭素（CO_2）は赤血球に取り込まれ，一部（約 5 %）はヘモグロビンと結合するが，大半は赤血球がもつ酵素によって炭酸（H_2CO_3）に変換される．炭酸はすぐに電離して重炭酸イオン（HCO_3^-）として血液中に流出するとともに，生じた水素イオンはヘモグロビン（デオキシヘモグロビン）に複数存在するヒスチジンと結合することで pH が保たれる．これがヘモグロビン緩衝系である．さらに，血中に増えた酸性物質に由来する水素イオンは，腎臓から尿中にゆっくり排泄されるが，重炭酸イオン（HCO_3^-）による炭酸-重炭酸緩衝系の作用で速やかに二酸化炭素（CO_2）と水に変換され，呼気としても排出される．また，腎臓は水素イオンを尿中に排出するとともに，重炭酸イオン（HCO_3^-）を再吸収する．このように，重炭酸イオン（HCO_3^-）は血液の pH 調節に重要な働きをしている．タンパク質緩衝系は，酸性のカルボキシ基（—COOH）と塩基性のアミノ基（—NH_2）をもつ両性電解質であるため，血漿中に豊富なアルブミンも緩衝作用を発揮する．リン酸は血液中には少ないが細胞内には豊富なため，リン酸緩衝系によって細胞内 pH はほぼ 7.0 に維持されている．

復習問題

1. 酸性と塩基性を簡潔に説明しなさい.
2. ブレンステッドとローリーによる酸と塩基の定義を簡潔に説明しなさい.
3. ブレンステッド-ローリーの定義における酸と塩基の共役について簡潔に説明しなさい.
4. 酸と塩基の強さは何に依存しているか.
5. 化学反応が可逆的に釣り合った状態を何というか.
6. 25℃における水の水素イオンおよびヒドロキシイオン濃度はいくらか. また, それにより求められる pH はいくらか.
7. 緩衝液が緩衝作用を発揮する原理を簡潔に説明しなさい.

5章

ミネラル

予習動画
のサイト

5章をタップ！

■ 5.1 ミネラルとは

　歴史的に，炭素を含む物質で生物がつくり出すものは有機物，そのほかの物質は無機物と定義されていた．しかし，さまざまな化学実験により，これは正確な定義ではないと徐々に判明した．現代では生物に由来するかどうかに関係なく，炭素を含む化合物で一部の単純な化合物[*1] を除いたものが有機物（有機化合物），それ以外が無機物（無機化合物）と区別されている．人体に含まれる元素は，酸素（O，65％），炭素（C，18％），水素（H，10％）および窒素（N，3％）の4種で96％を占めており，残り4％の元素を栄養学的にミネラルと呼ぶ．ミネラル（mineral）は，鉱物，無機質，無機物という意味の用語である．また栄養学でミネラルは，物が燃え残った不燃性の鉱物質という意味の灰分（かいぶん）とも呼ばれる．人体に占めるミネラルは非常に少ないが，骨や歯などの体組織の形成，体液の浸透圧やpHの調節，酵素活性，ビタミンやホルモンの成分，代謝と生命活動に幅広く関わる重要な成分である．とくに，1日あたりの必要摂取量が100 mg以上の多量（主要）ミネラル7種と100 mg以下の微量ミネラル9種は必須ミネラルとして栄養素の一つとされている（表5.1）．

■ 5.2 元素周期表，無機質の分類

　元素は物質を構成する基本成分である．ロシアの化学者であるメンデレーエフは，元素を原子量ごとに並べると似たような化学的性質の元素が周期的に現れること（周期律）を発見し，1869年に周期表を発表した．現在の元素周期表は原子番号の順に並べられており，約120種が確認されて

*1　一酸化炭素（CO）や二酸化炭素（CO$_2$），炭酸カルシウム（CaCO$_3$），シアン化水素（HCN）などがある．

表5.1　必須ミネラルの種類と働き

	元素名	機能と作用	体内分布	欠乏症	過剰症	おもな供給源
多量ミネラル	カルシウム (Ca)	・骨や歯などの硬組織を構成 ・細胞膜の透過性 ・血液凝固作用	99%　骨, 歯 1%　細胞中, 血中 (カルシウムは体内の多量元素のなかで最も多く存在する)	・骨粗鬆症 ・テタニー（普通の食事では, ほとんど見られない） ・くる病 ・骨軟化症	・高カルシウム血症（腎石灰化） ・軟骨組織石灰化症 ・ミルク・アルカリ症候群（普通の食事ではほとんど見られない）	どじょう, 干しえび, 牛乳, 乳製品, 小松菜
	リン (P)	・骨や歯, 細胞膜を構成 ・核酸, ATP, リンタンパク質などを構成し, 代謝に関わる	85%　骨, 歯 15%　有機リン化合物として, あらゆる所に存在	・骨軟化症 ・溶血性貧血 ・食欲不振	低カルシウム血症	うなぎ, どじょう, かたくちいわし
	カリウム (K)	・細胞内液の浸透圧や酸塩基平衡の維持 ・筋肉の収縮 ・エネルギー代謝	98%　細胞内液 2%　細胞外液	低カリウム血症（食欲不振, 不整脈, 低血圧など）	高カリウム血症（疲労感, 精神・神経障害など）	昆布, 大豆, 果物や野菜
	硫黄 (S)	含硫アミノ酸, ヘパリン, チアミン, ビオチンなどさまざまな物質の構成成分	体内のすべての細胞に広く分布. とくに含硫アミノ酸に富む毛髪や爪の硬タンパク質（ケラチン）に多い	ほとんど見られない	不明	タンパク質中の含硫アミノ酸
	ナトリウム (Na)	・細胞外液の浸透圧の維持 ・細胞外・細胞内液量や循環血液量の維持 ・酸塩基平衡の維持	50%　細胞外液 40%　骨 10%　細胞内液	・倦怠感 ・食欲不振 ・血液濃縮	・浮腫 ・高血圧症や胃がんを悪化させる要因ともいわれている	カップラーメン, 漬物
	塩素 (Cl)	・細胞外液の浸透圧の維持 ・酸塩基平衡の維持 ・胃酸の構成イオン	70%　細胞外液 30%　細胞内液	食欲減退	不明	
	マグネシウム (Mg)	・血管を拡張し, 血圧を降下させる（循環器系疾患の予防作用） ・さまざまな酵素の活性化	60%　骨 20%　筋肉 20%　その他組織 1%以下　細胞外液	・虚血性心疾患 ・神経過敏症 ・テタニー ・不整脈 ・低カルシウム血症 ・低カリウム血症	・下痢 ・倦怠感, 嘔吐, 筋力低下 ・言語障害（腎機能が正常であれば速やかに排出され, 過剰症は起こらない）	落花生, 昆布, ひじき

微量ミネラル	鉄 (Fe)	・酸素の運搬 ・酵素の活性化	65%　血液中のヘモグロビン（機能鉄） 30%　肝臓，筋肉（貯蔵鉄） 5%　筋肉中のミオグロビン（機能鉄）	鉄欠乏症貧血，作業能力の低下など	長期摂取による鉄沈着症，ヘモクロマトーシス	ひじき，豚レバー，煮干し，しじみ
	亜鉛 (Zn)	酵素の構成成分としてDNAやインスリンなどの合成に関与	60%　筋肉 20%　皮膚 20%　その他	味覚障害，創傷治癒障害，成長障害，食欲不振，免疫能低下，皮膚炎など	LDLの増加，HDLの低下，銅吸収阻害，免疫能低下	牡蠣，かたくちいわし，きな粉
	銅 (Cu)	・造血機能（貯蔵鉄のトランスフェリンへの結合） ・過酸化脂質の増加防止に関与	50%　筋肉，骨 10%　肝臓 40%　その他	メンケス症候群，成長障害，低色素性貧血	ウィルソン病	牛・豚レバー，牡蠣
	ヨウ素 (I)	甲状腺ホルモンの構成成分，エネルギー代謝，発育，神経系細胞の発達に関与	70〜80%　甲状腺 20〜30%　その他	甲状腺腫*，新生児のクレチン症	甲状腺腫*，甲状腺機能亢進障害	海藻類（ひじき，わかめ，昆布），魚介類
	マンガン (Mn)	マンガン含有酵素（ピルビン酸カルボキシラーゼ，アルギナーゼ，マンガンSOD）の構成成分として機能	骨や肝臓，膵臓に多い	成長阻害，骨代謝，糖・脂質代謝，血液凝固能，皮膚の代謝などに異常が生じる	疲労感，歩行障害など	穀類，豆類，野菜類
	セレン (Se)	グルタチオンペルオキシダーゼの活性中心で抗酸化作用物質	血中など	克山病，カシンベック病，成長阻害，筋肉萎縮，クレチン症など	呼吸困難，心筋梗塞，疲労感など	魚介類，動物の内臓，卵類
	クロム (Cr)	耐糖因子として糖質代謝に関わる．脂質異常症や動脈硬化予防	不明	インスリン不応性の耐糖能の低下など	呼吸障害など	いも類，肉類
	モリブデン (Mo)	尿酸代謝を触媒	血中など	食生活を原因とする欠乏症は不明	銅欠乏症，硫黄代謝異常	牛乳，乳製品，豆類，レバー

＊ ヨウ素は欠乏症でも過剰症でも甲状腺腫が見られる．

医療情報科学研究所編，『クエスチョン・バンク管理栄養士国家試験問題解説2020』，メディックメディア（2019），p.434-435より一部改変．

いるが，原子番号95以降は天然での存在はまだ確認されていない人工元素である（周期表は前見返しを参照）．

　元素を原子番号順に並べると，価電子数やイオン化エネルギー，原子の大きさ，単体の融点などの化学的性質が周期的に変化する．これを元素の周期律という．周期律に基づいて作成した周期表では，横の行を周期，縦

表5.2　特別な同族元素の名称と性質

族	名称	性質
1族（H除く）	アルカリ金属	1価の陽イオンになりやすい 炎色反応を示す 水や酸素，塩素と反応しやすい 軟かい金属で比較的融点が低い
2族（BeとMg除く）	アルカリ土類金属	2価の陽イオンになりやすい 炎色反応を示す 水と反応するが，アルカリ金属より穏やか
17族	ハロゲン	1価の陰イオンになりやすい 単体は二原子分子 有色で有毒
18族	希ガス	安定でイオンになりにくい単原子分子 無色無臭の気体 融点や沸点が低い 価電子が0で，ほかの原子と結合しにくい

の列を**族**といい，7周期18族からなる．同じ周期の元素は同じ最外電子殻をもち，周期表の性質上，似た化学的性質の元素が縦に並ぶため，同じ族の元素を**同族元素**と呼ぶ．1族，2族および12〜18族の元素を**典型元素**といい，同族の典型元素は価電子数が等しいので，よく似た化学的性質を示す．とくに似ている性質の1族，2族，17族および18族は特別の名称で呼ばれている（表5.2）．3〜11族の元素は**遷移元素**といい，価電子数が1または2のものが多く，隣り合う元素同士でも似た性質を示すことが多い．さらに元素は，単体が金属の性質を示す**金属元素**と，それ以外の**非金属元素**に分けられる．典型元素は金属元素と非金属元素からなるが，遷移元素はすべて金属元素である．

　元素の周期律は，原子の電子配置と大きく関係する．原子間の相互作用は，原子の最外殻にある価電子の働きで生じることから，価電子の配置が似た元素は同じような性質を示す．したがって，原子番号の増加に伴って価電子が増えるため，周期的に似た元素が現れる（図5.1）．アルカリ金属は1価の陽イオンになりやすい性質がある．これはすなわち，原子から価電子が奪われやすい（放出しやすい）性質であり，これを**イオン化エネルギー**[*2]という．電子は，原子核の正電荷が大きいほど，原子核との距離が近いほど強く引きつけられる．たとえば，L殻に価電子をもつ第2周期の元素は，リチウムからネオンの順に正電荷が大きくなるため，イオン化エネルギーも大きくなる．また，リチウムとナトリウムは同じ1族の元

*2　電子1個を放出するエネルギーの指標であるため第一イオン化エネルギーともいい，さらに2個め，3個めを放出するエネルギーはそれぞれ第二，第三イオン化エネルギーという．

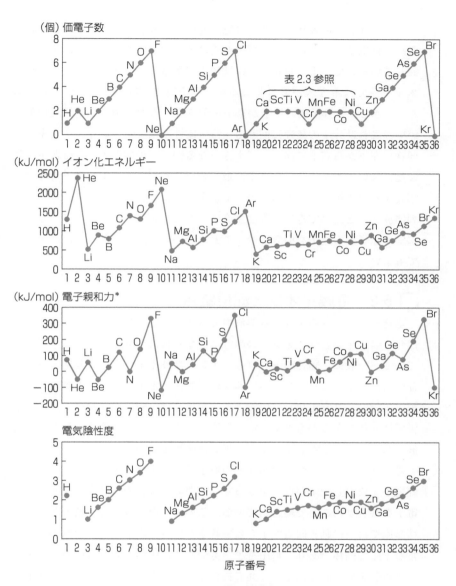

図5.1 **元素の周期律**

＊ Mg，Mn および Zn の電子親和力はゼロ以下とされている．

素であるが，ナトリウムの価電子はリチウムより外側の K 殻にあるため，イオン化エネルギーはリチウムよりナトリウムのほうが小さい．したがってイオン化エネルギーは，周期表の左下から右上に向かって大きくなり，左下の元素ほど陽イオンになりやすい．一方，周期表の右に向かうほど電子親和力が大きく，陰イオンになりやすい．電子親和力は，電子を受けとった際に放出するエネルギーのことで，原子核が大きいほど大きくなり，

ハロゲンがとくに大きい．原子は電子配置が閉殻に向かうように振る舞うため，価電子7のハロゲンは電子を受けとりやすいが，希ガスはすでに閉殻しているので，電子親和力はほぼ無視できる．したがって，イオン化エネルギーでは希ガスが最大となるが，電子親和力はハロゲンが最大である[*3]．さらに，分子内の原子が電子を引き寄せる力の強さを**電気陰性度**といい，これは分子の極性に関わる．電気陰性度は，イオン化エネルギーと同様に左下から右上に向かって大きくなるが，この値が大きいほど電気陰性度は強いことを示し，フッ素が最も強い．ただし，水素は電子を離すと不安定な原子核だけになるため，電子を奪われないように，リチウムなどの同族元素と比べて電気陰性度が高い．また，希ガスは閉殻しているために別の原子から電子を引き寄せることはないので，電気陰性度は考えなくてもよい．

*3　電子親和力は電子軌道が関係するため，イオン化エネルギーほどはっきりした周期性はないが，同じ周期であればハロゲンに向かって大きくなる．

■ 5.3　金属イオンと配位結合

　塩化ナトリウムのように水溶液中で電離する電解質は，**イオン結合**と呼ばれる陽イオンと陰イオンとの静電気的な結合によりイオン結晶を形成している．一般に，陽性の強い（陽イオンになりやすい）金属元素と陰性の強い（陰イオンになりやすい）非金属元素が，電子を共有して希ガス型の電子配置をとり安定化している．イオン結晶は一般に融点が高く，常温常圧では固体であるがもろく，電気伝導性はない．熱して液体にしたり水溶液にしたりすると電離するため，電気伝導性をもつようになる．

　遷移元素に分類される金属元素の原子は，イオン化エネルギーが小さく価電子を放出しやすい性質をもっているため，金属の結晶内では原子間で電子を共有することで結合している．このような結合を**金属結合**といい，結晶内で自由に動き回る電子を**自由電子**という．水銀以外の金属の単体は常温常圧で固体であり，自由電子をもつために固体でも電気伝導性を示す．

　価電子を原子間で出し合う共有結合からできた分子のなかには，電子対を一方からのみ提供して他の原子と共有結合するものがある．このような結合を**配位結合**という（図5.2）．代表的なものとしてアンモニウムイオン（NH_4^+）やオキソニウムイオン（H_3O^+）がある．これらは電荷をもたない分子に陽イオンが結合するため，全体では陽イオンとなる．分子内では配位結合と共有結合は区別がつかないが，構造式では，非共有電子対を与えている原子から受け入れている原子に向けて矢印をつけて表すことがある．また，硫酸やリン酸，硝酸，塩素酸などの酸素を含む酸（オキソ酸）も分子内で配位結合している（図5.3）．さらに，遷移金属元素の陽

H:N:H + H⁺ ⟶ [H:N:H]⁺ [H−N−H]⁺

非共有電子対

H:O:H + H⁺ ⟶ [H:O:H]⁺ [H−O−H]⁺

非共有電子対

$$HO-S-OH$$ 硫酸

$$HO-P-OH$$ リン酸

$$H-O-N$$ 硝酸

$$HO-Cl \rightarrow O$$ 塩素酸

図 5.2　配位結合と錯イオン　　　　**図 5.3　オキソ酸**

イオンに非共有電子対をもった分子やイオンが配位結合したものを**錯イオ**ンといい，このとき配位している分子やイオンを配位子という（表 5.3）．水溶液中では金属イオンが水分子と錯イオンを形成している場合が多い．

表 5.3　配位子と錯イオン（右）

分子	イオン
NH_3（アンミン） H_2O（アクア）	OH^-（ヒドロキシド） CN^-（シアニド） $S_2O_3^{2-}$（チオスルファト） F^-（フルオリド） Cl^-（クロリド） Br^-（ブロミド）

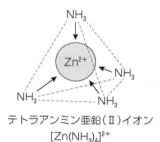

テトラアンミン亜鉛（Ⅱ）イオン
$[Zn(NH_3)_4]^{2+}$

■ 5.4　生体内のおもなミネラルの性質

　ミネラルが細胞外液にバランスよく含まれ，pH や浸透圧が保たれることで細胞の生命活動は維持される．人体の水分の 1/3 にあたる細胞外液の電解質組成は，太古の海で誕生した生物が陸棲生物に進化した名残で，生命が誕生した数十億年前の組成に似ている（図 5.4）．さらにミネラルは，酵素反応や細胞間の情報伝達，骨格の形成，ホルモンの合成など，生命活動に直接関わることから必須の栄養素とされる．ミネラルの摂取は食事からが基本である．不足すると欠乏症状が見られるようになり，取り過ぎによる過剰症も起こりうることから，バランスのよい食事を心がける必要がある．

5.4.1　ナトリウム（Na）と塩素（Cl）

　ナトリウムは塩素とともに食塩として摂取されており，ナトリウムイオン（Na^+）と塩化物イオン（Cl^-）に電離した状態で小腸から吸収される．ナトリウムイオンは，細胞外液に含まれる主要な陽イオンであり，浸透圧や pH，水分量の調節，神経伝達，筋肉の収縮に重要な働きをしている．

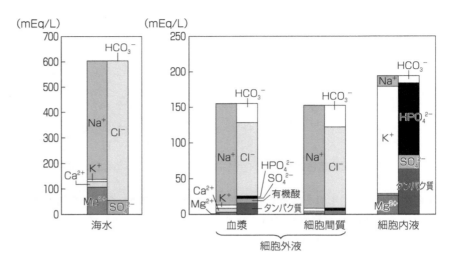

図5.4　海水と細胞液の電解質組成

塩素イオンは，体液や胃酸の pH 調節，消化酵素（ペプシン）の活性化に働く．ナトリウムと塩素は食塩相当量として 1 日 1.5 g 摂取する必要があるが[*4]，通常の食事から十分量摂取できるので欠乏することはない．ただし，高温多湿の環境では大量の汗とともに流れ出て急激に不足することがあるので，経口補水液[*5] などを活用して熱中症を予防しなければならない．

　一方，日本人の食生活では食塩を取り過ぎる傾向にあるため，過剰摂取に気をつけなければならない．食塩を取り過ぎると，細胞外液のナトリウムイオン濃度を調節するために体内の水分量が増えてむくみとして現れるが，長期間続くと高血圧や腎臓疾患，胃がんの発症につながる．そこで食塩の摂取目標量は，18 歳以上の日本人男性が 1 日 8.0 g 未満，女性が 7.0 g 未満に設定されている[*6]．

5.4.2　カリウム（K）

　カリウムは野菜や果物など日常的に食べる植物性食品に豊富に含まれており，摂取分のほとんどが小腸から吸収される．体内に存在するカリウムはカリウムイオン（K^+）として，約 98% が細胞内液に含まれており，残り 2% は細胞外液に含まれている（図 5.5）．カリウムの摂取目安量は 18 歳以上の日本人男性が 1 日 2.5 g 以上，女性が 2.0 g 以上に設定されており，目標量はそれぞれ 3 g 以上，2.6 g 以上である．通常の食事で欠乏することはないが，水に溶けやすいので，煮汁も食べるか生のまま食べると損失が少なくてよい．

* * *

*4　塩化ナトリウムの分子量 58.5 はナトリウムの原子量 23 の 2.54 倍なので，食塩相当量（g）はナトリウム量（g）×2.54 で算出する．

*5　糖質と電解質をバランスよく配合した水で，軽度の脱水症状を予防・治療するのに役立ち，手軽に経口で摂取できるので薬局などでも販売されている．

*6　世界保健機関（WHO）は 5 g 以下を推奨している．

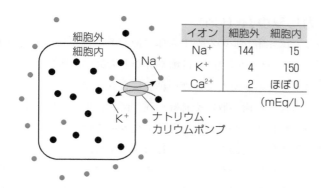

イオン	細胞外	細胞内
Na$^+$	144	15
K$^+$	4	150
Ca^{2+}	2	ほぼ0

(mEq/L)

図5.5　ナトリウムイオンとカリウムイオンの分布

　カリウムは，ナトリウムと相互に作用して濃度を一定に保ちながら浸透圧やpH，水分量の調節，神経伝達，筋収縮に働く．細胞内外の浸透圧はカリウムとナトリウムの分布によって調節されており，細胞膜に存在する**ナトリウム・カリウムポンプ**がATP依存的にナトリウムを排出するとともにカリウムを取り込むことで，細胞内外の濃度勾配をつくっている．細胞内外の電解質は大部分をカリウムとナトリウムが占めるが，全電解質の量すなわち浸透圧はほぼ等しい（等張）．しかし，食塩を過剰にとると細胞内のナトリウムイオン濃度も上がり（低張），浸透圧を等張にしようと水分を取り込むため，むくみが生じる．カリウムは細胞内のナトリウムを積極的に排出するように働くだけでなく，腎臓でのナトリウム再吸収も抑制するため，ナトリウムの体内濃度を調節する重要な役割を担う．カリウムには筋肉の収縮を緩める働きもあるため，腎臓の機能が低下するなどの理由で高カリウム血症になると，低血圧や不整脈，心拍停止の危険性が生じる．

Column

減塩なのにしお？

　食塩の摂取量を抑えるために減塩食品が普及している．高血圧や腎臓病を予防するためにも減塩は重要であるが，当然のことながら薄味で物足りないため長続きしない人も多い．減塩しおは代表的な減塩食品である．減塩しおは，しおなのに減塩というのも不思議だが，塩化ナトリウムを半分減らす代わりに塩化カリウムを加えたものである．ヒトの舌にある味蕾は塩化ナトリウムに反応して塩味を脳に伝えるが，塩化カリウムもわずかに苦味があるものの塩味を感じさせるので，減塩しおに利用されている．ただし，腎臓の機能が低下している人はカリウムの取り過ぎで高カリウム血症になるので注意が必要である．

5.4.3　カルシウム（Ca）

カルシウムはミネラルのなかで人体に最も多く含まれ，成人の場合で約 1 kg 存在する．そのうち 99 % は歯や骨などの硬い組織に存在しており，残り 1 % はイオンのかたちで血液や細胞に存在している．

カルシウムは，筋肉の収縮や神経伝達，酵素活性，血液凝固など，さまざまな生命活動に重要な役割を果たす．全身の骨は，骨をつくる骨芽細胞と骨を壊す破骨細胞の働きによって毎日少しずつ，つくり変えられているが，カルシウム摂取量が不十分で体内のカルシウムイオン濃度が低下すると骨のカルシウムを利用するため，骨がもろくなる骨粗鬆症を発症する危険性がある．日本人のカルシウム平均摂取量は摂取基準を長年下回っている．カルシウムの摂取基準は，12～14 歳の日本人男子が 1 日 1000 mg，女子が 800 mg，成人男女がそれぞれ 800 mg，650 mg である．ビタミン D は小腸におけるカルシウムの吸収を助けるが，豆類や穀類に含まれるフィチン酸や野菜に含まれるシュウ酸，食物繊維などは吸収を妨げるので，カルシウムの効率的な摂取には食べ合わせも考える必要がある．

5.4.4　リン（P）

リンはカルシウムについで体内に多いミネラルである．成人の体内に約 780 g 含まれ，そのうち約 85 % はカルシウムと結合して歯や骨に存在する．残りの 15 % は，DNA や RNA などの核酸，細胞膜成分のリン脂質，補酵素や ATP として細胞に存在する．また，リン酸塩として細胞外液の pH や浸透圧を調節する．リンの摂取基準は，成人男女でそれぞれ 1 日 1000 mg，800 mg である．

リンとカルシウムは，どちらかが過剰になると，もう一方の吸収が阻害される．リンとカルシウムの摂取量は 1：1 が理想的で，1：0.5～2 であれば吸収に大きな影響はないとされている．リンの過剰摂取はカルシウムや鉄の吸収を阻害するだけでなく，骨からカルシウムが溶け出すのを促進するため，骨粗鬆症の危険性が高まる．加工食品やインスタント食品には食品添加物としてリンが多く使われているため，日本人は基本的にリンの摂取量が高い傾向にある．

5.4.5　マグネシウム（Mg）

マグネシウムは成人の体内に 20～25 g 存在し，その約 60 % がカルシウムやリンとともに骨と歯を構成する．残りのマグネシウムは細胞内で酵素反応やエネルギー代謝などの生命活動に広く関わっている．マグネシウム

が不足するとカルシウムとともに骨から溶け出すため骨量が減り，骨粗鬆症を発症する危険性が高まる．

　マグネシウムとカルシウムは 1：2 の比率で摂取するのが理想的である．マグネシウムの摂取基準は，成人男女でそれぞれ 1 日 340 mg，270 mg とされている．アルコール摂取やストレスでマグネシウムは消費されるので，マグネシウムが豊富な野菜や豆類を十分にとるとよい．

5.4.6　硫黄（S）

　硫黄は，アミノ酸のメチオニンやシステインなどの含硫アミノ酸としてタンパク質から吸収されるので，通常の食事で十分にタンパク質を摂取していれば不足することはない．体内では含硫アミノ酸としてさまざまなタンパク質やホルモンの原料になり，とくにケラチンやコラーゲン，プロテオグリカンの材料として髪や爪，皮膚，結合組織の形成に重要である．

5.4.7　鉄（Fe）

　鉄は成人の体内に 2 ～ 4 g 含まれており，その 65 % は赤血球のヘモグロビンと結合して酸素の運搬に働く．残りの鉄は，約 5 % が筋肉のミオグロビンと結合して酸素の運搬や貯蔵を行い，約 30 % が肝臓や脾臓，骨髄に貯蔵鉄として存在する．また，鉄含有酵素に結合しているものもわずかにある．貯蔵鉄は，出血などで鉄が減少した際に利用される．赤血球の寿命は 120 日ほどで，寿命がくると脾臓で破壊されるが，鉄はヘモグロビンに再利用されるので体外に排出される分はほとんどない．ただし女性は月経により鉄が排出されるため，鉄は常に不足しがちである．

　鉄はおもに小腸上部から吸収される．食品の鉄は，動物性のヘム鉄と植物性の非ヘム鉄に分けられる．ヘム鉄は，2 価鉄イオン（Fe^{2+}）にポルフィリンが配位結合した鉄錯体で（図 5.6），ヘモグロビンやミオグロビン，ミトコンドリアの電子伝達系，酵素などに含まれている．一方，非ヘム鉄は 3 価鉄イオン（Fe^{3+}）[7] である．非ヘム鉄の吸収率はヘム鉄と比べて約 1/5 と低く，野菜を比較的多くとる日本人の食生活では鉄の摂取効率はあまりよくない．ヘム鉄やビタミン C と一緒に摂取すると非ヘム鉄の吸収率も上がることから，食べ合わせを考えることが重要である．

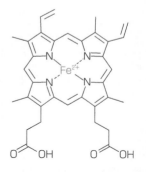

図 5.6　ヘム鉄の構造

[7]　2 価鉄イオン（Fe^{2+}）は酸化されて 3 価鉄イオン（Fe^{3+}）になりやすい．

5.4.8　亜鉛（Zn）

　亜鉛は成人の体内に約 2 g 含まれている．そのほとんどは細胞内に存在して，200 種以上の酵素に結合してその働きを助け，核酸やタンパク質の

合成，代謝，免疫，ホルモン分泌と幅広い生理機能に関わっている．亜鉛は舌の表面に存在する味蕾の新陳代謝に重要であるため，亜鉛不足になると味覚異常が生じる．若い世代や高齢者に見られる味覚異常は，過度のダイエットや低栄養による亜鉛不足が原因であると考えられている．亜鉛の摂取基準は，成人男女で 1 日 10 mg，8 mg である．肉や魚介に多く，ビタミン C やクエン酸と一緒に摂取すると吸収が促進されるが，野菜に多いシュウ酸は吸収を阻害する．

5.4.9　そのほかのミネラル

　そのほかのミネラルも，糖代謝の調節（クロム），さまざまな酵素の活性調節（銅，マンガン，セレン，モリブデン），ビタミン（コバルト）やホルモン（ヨウ素）の原料など，生命維持に重要である（表 5.4）．

表 5.4　代表的な金属タンパク質

ミネラル	結合タンパク質	働き
カルシウム	α-アミラーゼ プロテアーゼ	デンプンの分解 タンパク質の分解
マグネシウム	ヘキソキナーゼ グルコース-6-ホスファターゼ	糖代謝 糖代謝
亜鉛	DNA ポリメラーゼ プロテアーゼ アルコールデヒドロゲナーゼ スーパーオキシドジスムターゼ	DNA 合成 タンパク質の分解 アルコール代謝 活性酸素の消去
銅	セルロプラスミン シトクロム c オキシダーゼ スーパーオキシドジスムターゼ	銅の運搬 電子伝達系 活性酸素の消去
マンガン	スーパーオキシドジスムターゼ	活性酸素の消去
セレン	グルタチオンペルオキシダーゼ	活性酸素の消去
モリブデン	キサンチンオキシダーゼ	プリン体の代謝

復習問題

1．人体に必要なミネラルは何種か．
2．ナトリウムと塩素の働きを簡潔に説明しなさい．
3．カリウムの働きを簡潔に説明しなさい．
4．カルシウム不足により骨粗鬆症の危険性が高まる理由を簡潔に説明しなさい．
5．食品における鉄の形態と吸収効率について簡潔に説明しなさい．

6章

有機化学の基礎

6.1 有機化合物の基本骨格

6.1.1 炭化水素の分類

炭化水素は天然ガスや石油に含まれており，メタンガスやプロパンガスなどの，炭素と水素だけからなる最も単純な有機化合物である．炭素同士の連なり方によってさまざまな炭化水素を形成するが，これに官能基が置換することで特有の性質をもつ化合物となる．炭化水素は鎖状構造のものと環状構造のものに分類される．さらに，炭素同士の連なり方が単結合の場合を**飽和**といい，二重結合および三重結合したものは**不飽和**という（図6.1）.

予習動画
のサイト

6章をタップ！

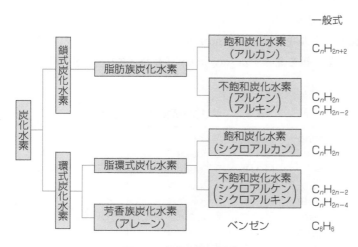

図 6.1　炭化水素の分類

一般式

飽和炭化水素（アルカン） C_nH_{2n+2}

不飽和炭化水素（アルケン）（アルキン） C_nH_{2n} C_nH_{2n-2}

飽和炭化水素（シクロアルカン） C_nH_{2n}

不飽和炭化水素（シクロアルケン）（シクロアルキン） C_nH_{2n-2} C_nH_{2n-4}

ベンゼン C_6H_6

6.1.2 アルカン

アルカンは単結合のみからなる鎖式の炭化水素であり，一般式 C_nH_{2n+2} で表される．メタンとエタンの分子式，構造式および立体構造式を表6.1 に示す．炭素原子が単結合で共有結合するときは sp^3 混成軌道をとることから，アルカンの炭素の結合角は 109.5° の正四面体構造になる[*1]．立体構造式で用いられる普通の直線は紙面上にあることを示し，太い線は紙面の手前にあることを示す．また，点線は紙面の向こう側にあることを示す．C−H 間の結合距離は 110 pm[*2] であり，C−C 間は 154 pm になる．

*1 2.4.2項（2）を参照.

*2 pm $= 10^{-12}$ m. pm はピコメートルと読む.

表6.1 **メタンとエタン**

(1) アルカンの命名法

アルカンの名称は，IUPAC[*3] で定められた方法に従って決められている．炭素が1個の C1 から炭素が4個の C4 までは慣用名が用いられ，C5 以上のものは炭素の原子数を表すギリシャ数詞の語尾を ane（アン）に変えて表される（表6.2，表6.3）．C4 以上になると炭素の連なりに枝分かれが生じるため，異性体が存在する．アルカンから H を1個取り除き，C_nH_{2n+1} の式で表される原子団をアルキル基と呼ぶ（表6.4）．また，炭素を4個もつアルキル基には，normal（ノルマル）を略した直鎖状の n-ブチル基，第二級を意味する secondary（セカンダリー）を略した s-ブチル

*3 IUPACとは国際純正・応用化学連合（International Union of Pure and Applied Chemistry）の略称である．IUPAC の内部組織である命名法委員会は，元素や化合物の命名の標準（IUPAC 命名法）を定める世界的な権威として知られている.

表6.2 **ギリシャ語の数詞接頭語**

mono-	（モノ）	1	nona-	（ノナ）	9
di-	（ジ）	2	deca-	（デカ）	10
tri-	（トリ）	3	undeca-	（ウンデカ）	11
tetra-	（テトラ）	4	dodeca-	（ドデカ）	12
penta-	（ペンタ）	5	eicosa-	（エイコサ）	20
hexa-	（ヘキサ）	6	〔icosa-（イコサ）ともいう〕		
hepta-	（ヘプタ）	7	docosa	（ドコサ）	22
octa-	（オクタ）	8	triaconta-	（トリアコンタ）	30

表6.3 直鎖飽和炭化水素とその性質

名称	分子式	融点（℃）	沸点（℃）	密度（g/cm³）	
メタン（methane）	CH_4	−182.6	−161.6	0.4240 （−164℃）	気体
エタン（ethane）	C_2H_6	−184.0	−88.6	0.5462 （−88℃）	気体
プロパン（propane）	C_3H_8	−187.1	−42.2	0.5824 （−42℃）	気体
ブタン（butane）	C_4H_{10}	−135.0	−0.5	0.5788 （20℃）	気体
ペンタン（pentane）	C_5H_{12}	−129.7	36.1	0.6264 （20℃）	液体
ヘキサン（hexane）	C_6H_{14}	−94.0	68.7	0.6594 （20℃）	液体
ヘプタン（heptane）	C_7H_{16}	−90.5	98.4	0.6837 （20℃）	液体
オクタン（octane）	C_8H_{18}	−56.8	125.6	0.7028 （20℃）	液体
ノナン（nonane）	C_9H_{20}	−53.7	150.7	0.7179 （20℃）	液体
デカン（decane）	$C_{10}H_{22}$	−29.7	174.0	0.7298 （20℃）	液体
ウンデカン（undecane）	$C_{11}H_{24}$	−25.6	195.8	0.7404 （20℃）	液体
ドデカン（dodecane）	$C_{12}H_{26}$	−9.6	216.2	0.7493 （20℃）	液体
テトラデカン（tetradecane）	$C_{14}H_{30}$	5.5	251	0.7636 （20℃）	液体
ヘキサデカン（hexadecane）	$C_{16}H_{34}$	18.1	280	0.7749 （20℃）	液体
オクタデカン（octadecane）	$C_{18}H_{38}$	28.2	317	0.7767 （20℃）	固体
イコサン（icosane）	$C_{20}H_{42}$	36.8	343	0.7777 （20℃）	固体
ドコサン（docosane）	$C_{22}H_{46}$	44.4	380		固体

表6.4 C1〜C10のアルキル基

CH_3	methyl	メチル	C_6H_{13}	hexyl	ヘキシル
C_2H_5	ethyl	エチル	C_7H_{15}	heptyl	ヘプチル
C_3H_7	propyl	プロピル	C_8H_{17}	octyl	オクチル
C_4H_9	butyl	ブチル	C_9H_{19}	nonyl	ノニル
C_5H_{11}	pentyl	ペンチル	$C_{10}H_{21}$	decyl	デシル

基，第三級を意味する tertiary（ターシャリー）を略した t-ブチル基，枝分かれを意味するイソブチル基の4種類が存在する（図6.2）．

枝分かれのある鎖式飽和炭化水素の命名には，次のルールがある．

① 最も長い炭素鎖（主鎖）を見つけ，これにアルカンの基本名をつける．

② 置換基（側鎖）に近いほうの端から順番に，主鎖の炭素原子に番号をつける．すなわち，側鎖のついている主鎖の炭素原子の番号ができるだけ小さい番号になるようにする．

③ 側鎖に名称をつける．同じ種類の側鎖が存在するときは，モノ，ジ，トリなどの数詞を側鎖の名称の前に入れる．

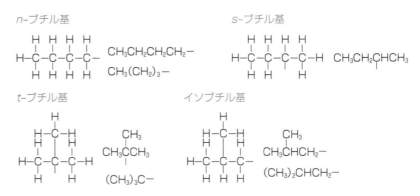

図6.2　**ブチル基の種類**

(2) 環状アルカン

　直鎖アルカンの両端の炭素がつながって環状構造をした化合物をシクロアルカン（脂環式飽和炭化水素）という．一般式 C_nH_{2n} で表される．シクロアルカンの IUPAC 名は，アルカンの名称の前に環状を意味するシクロ（cyclo）をつける．環を構成する原子の数によって三員環，四員環，五員環，六員環と呼ぶ（図6.3）．天然には安定な構造の五員環と六員環が多く，それぞれ鎖状のアルカンと性質が似ている．シクロヘキサンの構造を立体

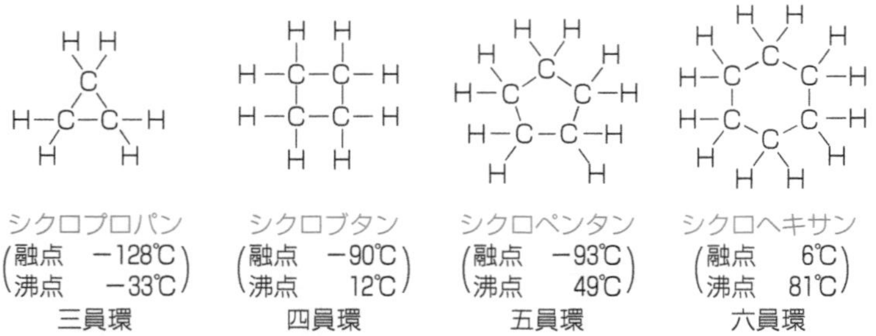

シクロプロパン
$$\left(\begin{array}{ll}融点 & -128℃ \\ 沸点 & -33℃\end{array}\right)$$
三員環

シクロブタン
$$\left(\begin{array}{ll}融点 & -90℃ \\ 沸点 & 12℃\end{array}\right)$$
四員環

シクロペンタン
$$\left(\begin{array}{ll}融点 & -93℃ \\ 沸点 & 49℃\end{array}\right)$$
五員環

シクロヘキサン
$$\left(\begin{array}{ll}融点 & 6℃ \\ 沸点 & 81℃\end{array}\right)$$
六員環

図6.3　**シクロアルカンの例**

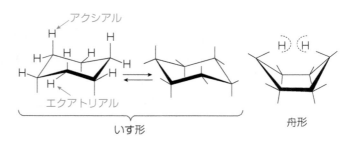

アクシアル

エクアトリアル

いす形　　　舟形

図6.4　**シクロヘキサンの立体的な構造**

的に見るといす形と舟形がある（図6.4）．いす形のほうが舟形よりも安定で，室温では99.9%以上を占める．舟形は，2個の水素原子が接近しており，互いに障害となるため，存在量が少ない．環に結合した水素には，環の平面に垂直に結合したアクシアル水素と，環の平面にほぼ平行に結合したエクアトリアル水素がある[*4]．水素の代わりにメチル基がついている場合，アクシアルメチル基，エクアトリアルメチル基と呼ぶ．

*4 アクシアルは地軸，エクアトリアルは赤道を意味する．

6.1.3 アルケン

アルケンは不飽和炭化水素の一種で，鎖式炭化水素のうち分子内にC=Cの二重結合を1本もち，一般式 C_nH_{2n} で表される．最も簡単なアルケンはエテン（慣用名エチレン）である．エチレンの二重結合は σ 結合と π 結合から形成されており，エチレンの場合，すべての原子は同一平面上にある（図6.5）．アルケンの二重結合は，π 電子雲の存在により回転できない．そのためアルケンには，幾何異性体であるシス-トランス異性体が存在する．幾何異性体は，融点や沸点などの物理的性質や反応性などの化学的性質が異なる（図6.6）．

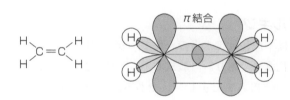

図6.5 **エチレンの構造**

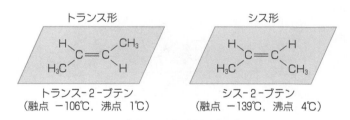

図6.6 **シス-トランス異性体**

(1) アルケンの命名法

アルケンのIUPAC名は，炭素数の等しいアルカン名の語尾をエン（ene）にする．また二重結合が複数ある場合，2個ではジエン（diene），3個ではトリエン（triene）などの語尾にする（表6.5）．

表6.5　アルケンの名称

名称	示性式	融点（℃）	沸点（℃）	密度（g/cm³）
エテン	$CH_2=CH_2$	−169	−104	
プロペン	$CH_3CH=CH_2$	−185	−48	
1-ブテン	$CH_3CH_2CH=CH_2$	−185	−7	
1-ペンテン	$CH_3(CH_2)_2CH=CH_2$	−165	30	0.641
1-ヘキセン	$CH_3(CH_2)_3CH=CH_2$	−140	64	0.674
1-ヘプテン	$CH_3(CH_2)_4CH=CH_2$	−119	93	0.698
1-オクテン	$CH_3(CH_2)_5CH=CH_2$	−102	123	0.716

（2）環状アルケン

　二重結合が1本ある環状構造の炭化水素をシクロアルケンという．この名称は，炭素数が同じシクロアルカンの語尾のアンをエンに置き換えて命名する．二重結合をもつため，アルケンと同様にシクロアルケンも付加反応を生じやすい．シクロアルケンに置換基が結合した場合，二重結合の炭素を1番，2番として，置換基の位置を示す番号が小さくなるように順をつけていき，命名する．

6.1.4　アルキン

　アルキンは不飽和炭化水素の一種で，分子内に$C\equiv C$の三重結合を1本もつ鎖式炭化水素であり，一般式C_nH_{2n-2}で表される．最も簡単なアルキンはエチン（慣用名アセチレン）である．この三重結合は，1本のσ結合と2本のπ結合から形成されている．したがってアセチレンの場合，炭素間で回転ができず，すべての原子は一直線上にある（図6.7）．

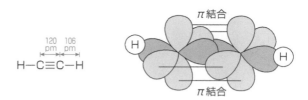

$$\underset{\substack{120 \quad 106 \\ \text{pm} \quad \text{pm}}}{H-C\equiv C-H}$$

図6.7　アセチレンの構造

6.1.5　芳香族化合物とその命名法

　芳香族とは，ベンゼン環をもつ化合物のことである．アミノ酸やカルボン酸などの食品成分を学ぶ際に，芳香族という言葉が多く登場する．芳香族化合物のなかで最も簡単なものがベンゼンである．

　ベンゼンは，6個の炭素が共役二重結合（2本以上の単結合と二重結合が交互に存在する結合）でつながった環状構造である（図6.8）．ベンゼン環のπ電子は，ある位置に定まっているのではなく，環を自由に移動し，非局在的に存在すると考えられている．そのため，二重結合の位置は常に入れ替わる．このような共役二重結合をもつ構造を共鳴構造という．この共鳴構造により，二重結合を多くもつものは安定性が保たれている．したがって，ベンゼンのπ電子を図6.8の右端のような形で表すことがある．

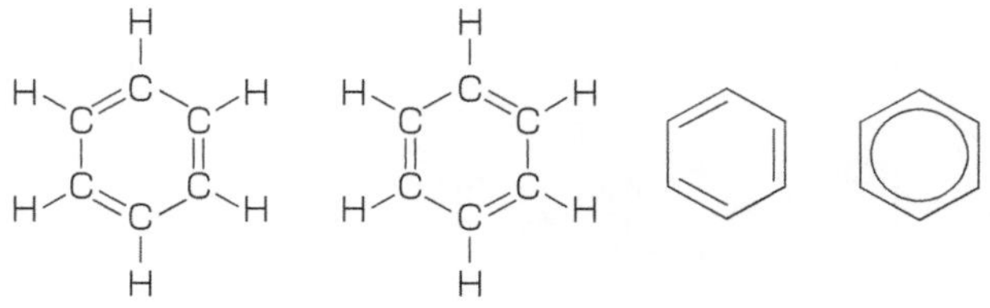

図6.8　ベンゼンの構造表記

　鎖式の共役二重結合の場合，炭素同士の単結合の距離は 154 pm，炭素同士の二重結合の距離は 134 pm で，平均 144 pm である（図6.9）．環式の共鳴構造をもつベンゼンの場合，炭素同士の結合距離は 140 pm で，二重結合と単結合の平均値に近く，どの炭素–炭素結合も同じ距離である．また，ベンゼンの炭素の結合角は 120° である（図6.10）．

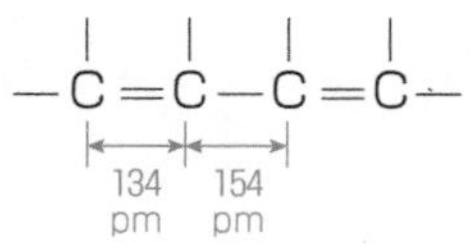

　炭素の 2s 軌道と $2p^2$ 軌道が，sp^2 混成軌道で平面的に六角形をなし，また混成軌道に加わらなかった残りの 2p 軌道同士が π 結合をつくる（図6.11）．六角形平面の上下に π 電子雲が広がっているので，求電子反応を起こし

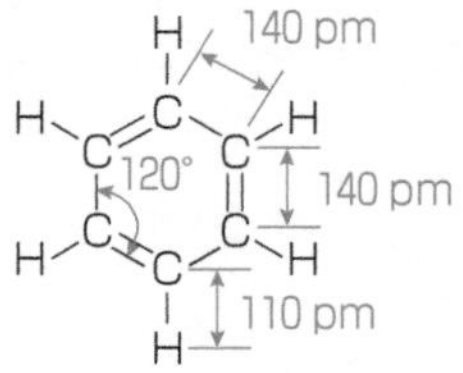

図6.9　鎖式共役二重結合の炭素間の距離

図6.10　ベンゼンの結合距離と結合角

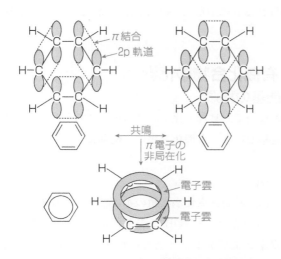

図6.11　ベンゼンの共役二重結合と共鳴構造

やすい.

　ベンゼンを含む代表的な芳香族化合物，および窒素原子や酸素原子など を含む複素環をもつ化合物の構造を図6.12に示す.

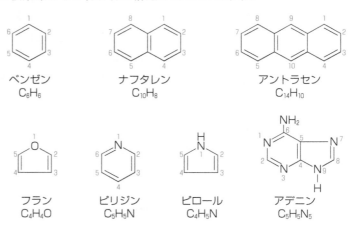

ベンゼン
C_6H_6

ナフタレン
$C_{10}H_8$

アントラセン
$C_{14}H_{10}$

フラン
C_4H_4O

ピリジン
C_5H_5N

ピロール
C_4H_5N

アデニン
$C_5H_5N_5$

図 6.12　芳香族化合物の構造式

　IUPAC の最も簡単な命名法は，ベンゼンにクロロ（Cl），ニトロ（NO_2）， メチル（CH_3）などの接頭語をつける方法である. 二つ以上の置換基があ るときは，ほかの炭化水素と同様に命名する. つまり，オルト，メタ，パ ラをつけるか，鎖状アルカンと同様に置換基に位置番号をつけ，語尾にベ ンゼンをつける[*5]（図6.13）. 慣用名も一部に認められている. 代表的な 芳香族化合物を表6.6に示す. ジメチルベンゼンには1,2-，1,3-，1,4-と いう三つの異性体（慣用名ではオルト，メタ，パラ）が存在する. 慣用名 として用いられる o-(ortho)，m-(meta)，p-(para) の位置関係は重要で ある.

6.2　有機化合物の化学

6.2.1　官能基の種類

　有機分子のなかで，物理・化学的性質を決めるおもな要因となる原子や 原子団を官能基という. 有機化合物は官能基によって分類することができ る（表6.7）.

(1) アルコール

　アルコールは，脂肪族炭化水素鎖の水素原子が OH 基（ヒドロキシ基） に置換したものであり，R−OH で表される. OH 基の酸素は sp^3 混成軌 道をもち，水素および炭素と σ 結合を形成し，残り2個の混成軌道は非 共有電子対で占められている.

*5　二置換ベンゼンの相対 的位置と名称は，慣用的に3 種類用いられる. つまり 1,2- （o-，オルト），1,3-（m-，メ タ），1,4-（p-，パラ）である.

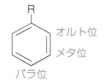

図 6.13　二置換ベンゼ ンの相対的位 置と名称

表6.6 芳香族化合物の構造式と名称

	![ベンゼン]	![CH₃ メチルベンゼン]	![1,2-ジメチルベンゼン]	![1,3-ジメチルベンゼン]
IUPAC名	ベンゼン	メチルベンゼン	1,2-ジメチルベンゼン	1,3-ジメチルベンゼン
慣用名		トルエン	o-キシレン	m-キシレン

	![1,4-ジメチルベンゼン]	![エテニルベンゼン]	![エチルベンゼン]
IUPAC名	1,4-ジメチルベンゼン	エテニルベンゼン	エチルベンゼン
慣用名	p-キシレン	スチレン	

	![COOH]	![OH]	![NH₂]
IUPAC名	ベンゾイックアシド	ベンゼノール	ベンゼンアミン
慣用名	安息香酸	フェノール	アニリン

(2) アルコールの命名法

　ある炭素にほかの炭素が何個結合しているかにより，その炭素を第何（級）炭素と呼ぶ．1個のときは第一級炭素，2個のときは第二級炭素である．

　OH基が第一級炭素，第二級炭素，第三級炭素に結合したものをそれぞれ第一級アルコール，第二級アルコール，第三級アルコールと呼ぶ．また，分子中にあるOH基が一つ，二つ，三つのものをそれぞれ1価アルコール，2価アルコール，3価アルコールと呼ぶ．さらに，2価アルコール以上のものを多価アルコールとも呼ぶ．

　アルコールは通常，二つの系統によって命名される．炭素数5個以下のアルコールは，官能基名を用いた命名法（**基官能命名法**）で呼ばれることが多い．基官能命名法は，官能基名のアルコールを炭化水素名の後ろにつける命名法である（表6.8参照）．一方，複雑な構造をもつものは体系的命名法（**置換命名法**）で呼ばれる．置換命名法は，基本となる炭化水素鎖を中心に，接頭語と接尾語で置換基を表す命名法である．

　アルコールの置換命名法を次に示す．

① 最も多い数のOH基を含む最長の炭素鎖（主鎖）を見つける．この

表 6.7　**有機化合物の種類と官能基**

名称		一般式	官能基		化合物の例
アルケン		$\begin{array}{c}(H)R \\ (H)R'\end{array}C=C\begin{array}{c}R''(H) \\ R'''(H)\end{array}$	二重結合	$CH_2=CH_2$	エテン （エチレン）
アルキン		$(H)R-C\equiv C-R'(H)$	三重結合	$CH\equiv CH$	エチン （アセチレン）
アルコール		$R-OH$	アルコール性 ヒドロキシ	CH_3CH_2OH	エタノール （エチルアルコール）
フェノール類		⬡—OH	フェノール性 ヒドロキシ	⬡—OH	フェノール
エーテル		$R\overset{O}{\frown}R'$	アルコキシ	$CH_3CH_2OCH_2CH_3$	エトキシエタン （ジエチルエーテル）
ハロゲン化物 （ハロアルカン）		$R-X$	ハロゲノ	CH_3I	ヨードメタン （ヨウ化メチル）
カルボニル化合物	アルデヒド	$R-\overset{O}{\underset{H}{C}}$	ホルミル （アルデヒド）	CH_3CHO	エタナール （アセトアルデヒド）
	ケトン	$R\overset{O}{\underset{}{C}}R'$	カルボニル	CH_3COCH_3	プロパノン （アセトン）
カルボン酸		$R\overset{O}{\underset{}{C}}OH$	カルボキシ	CH_3COOH	エタン酸 （酢酸）
エステル		$R\overset{O}{\underset{}{C}}O R'$	アルコキシ -カルボニル	$CH_3COOCH_2CH_3$	エタン酸エチル （酢酸エチル）
酸無水物		$R\overset{O}{C}O\overset{O}{C}R'$		$(CH_3CO)_2O$	無水酢酸
アミド		$R\overset{O}{\underset{}{C}}N\begin{array}{c}R''(H) \\ R'(H)\end{array}$	カルバモイル	CH_3CONH_2	エタンアミド （アセトアミド）
アミン		$R'\overset{R(H)}{\underset{}{N}}R''(H)$	アミノ	$(CH_3)_3N$	*N,N*-ジメチルメタンアミン （トリメチルアミン）
チオール		$R-SH$	スルファニル	CH_3CH_2SH	エタンチオール
スルフィド		$R\overset{S}{\frown}R'$	アルキル -スルファニル	CH_3SCH_3	メチルスルファニルメタン （ジメチルスルフィド）

主鎖の炭化水素名の語尾 e を，アルコールを示す ol に変える.

② OH 基が結合した炭素の番号ができるだけ小さくなるように，主鎖の炭素原子に鎖の端から番号をつける.

③ OH 基が結合した炭素の位置番号をオールの直前につける.

④ 主鎖の置換基に位置番号と名称をつけて接頭語とする.

⑤ OH 基が二つ，三つの場合は，オールの前に数詞をつけてジオール，トリオールとし，その位置番号をジオール，トリオールの前につける.

この命名法は，OH 基より優先順位の高い官能基が存在しない場合の命名法であり，OH 基より優先準位の高い官能基が存在する場合は OH 基がヒドロキシの接頭語に変わる. 官能基の優先順位については後で述べる. 代表的なアルコールの名称と物理的な性質を表 6.8 に示す.

表 6.8　アルコールの性質

構造式	置換命名 (基官能命名)	融点 (℃)	沸点 (℃)	水に対する溶解度 (g/100 g, 20℃)
CH₃OH	メタノール (メチルアルコール)	−97	65	∞*
CH₃CH₂OH	エタノール (エチルアルコール)	−130	78	∞
CH₃CH₂CH₂OH	プロパン-1-オール (n-プロピルアルコール)	−126	97	∞
CH₃CHOH CH₃	プロパン-2-オール (イソプロピルアルコール)	−90	82	∞
CH₃CH₂CH₂CH₂OH	ブタン-1-オール (n-ブチルアルコール)	−90	118	6.4
CH₃CH₂CHOH CH₃	ブタン-2-オール (s-ブチルアルコール)	−115	100	20.0
CH₃CHCH₂OH CH₃	2-メチルプロパン-1-オール (イソブチルアルコール)	−108	108	8.5
CH₃ CH₃COH CH₃	2-メチルプロパン-2-オール (t-ブチルアルコール)	26	83	∞
HOCH₂CH₂OH	エタン-1,2-ジオール (慣用名 エチレングリコール)	−13	178	∞
HOCH₂CH(OH)CH₂OH	プロパン-1,2,3-トリオール (慣用名 グリセロール)	18	290	∞

＊ ∞は任意の割合で溶ける.

6.2.2　フェノール類とその命名法

　フェノールは，ベンゼン環に OH 基が直結した芳香族化合物である．H_2O 分子の 1 個の H がフェニル基に置き換わった化合物とも考えることができる．フェノールの誘導体をフェノール類という．

　フェノール類の命名法としては，芳香族炭化水素名にオールをつける．OH 基が複数ある場合は，二つでジオール，三つでトリオールとつける．OH 基の位置番号は基名の直前に入れる．

　慣用名であるフェノール，クレゾール，ピロカテコール，レソルシノール，ヒドロキノン，ピクリン酸，チモール，カルバクロール，またナフトール，アントロール，フェナントロールなどについて使用が認められている（図 6.14）．

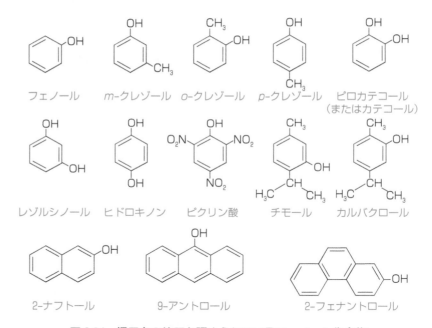

フェノール　　　m-クレゾール　　o-クレゾール　　p-クレゾール　　ピロカテコール
　　　　　　　　　　　　　　　　　　　　　　　　　　　　　　　　　　　（またはカテコール）

レゾルシノール　ヒドロキノン　　ピクリン酸　　　チモール　　　カルバクロール

2-ナフトール　　　　　9-アントロール　　　　　　　2-フェナントロール

図 6.14　慣用名の使用を認められているフェノール化合物

6.2.3　エーテルとその命名法

　エーテルは，水分子の 2 個の H を炭素（アルキル基，アリール基[*6]）に置き換えた構造をもつ．アルコール，フェノール，エーテルの酸素原子は，いずれも sp^3 混成軌道をもち，酸素原子と水素原子あるいは置換基がつくる結合角は，水とほぼ同じ 112° である．

　簡単な構造のエーテルは基官能命名法で呼ばれることが多い．基官能命

＊6　アリール基とは，芳香族炭化水素から誘導された官能基または置換基である．例としてフェニル基，ベンジル基などがある．

名法において R−O−R′ は，R と R′ の基名をアルファベット順に並べ，その後にエーテルをつける．置換命名法においては，R−O−R′ で表される非対称のエーテルは，主鎖 R の前に R′O− の基名（R′ オキシ）をつける．非環式化合物の主鎖が選ばれる順は，多数の不飽和結合をもつ炭化水素，不飽和結合数が同じなら多数の炭素原子をもつ炭化水素，炭素原子数も同じなら多数の二重結合をもつ炭化水素鎖の順である．エポキシドは，エポキシを炭化水素の前につけるが，酸素含有複素環系と見なして命名する（表 6.9）．

表 6.9 代表的なエーテルの名称と物理的性質

構造式	置換命名 （基官能命名）	分子量	融点（℃）	沸点（℃）	水に対する溶解度 （g/100 g, 20℃）
CH_3OCH_3	メトキシメタン （ジメチルエーテル）	46	−142	−25	7.6
$C_2H_5OC_2H_5$	エトキシエタン （ジエチルエーテル）	64	−116	35	7.5
$C_3H_7OC_3H_7$	プロポキシプロパン （ジプロピルエーテル）	102	−122	90	微溶
$CH_3CHOCHCH_3$ 　　CH_3　CH_3	2-イソプロポキシプロパン （ジイソプロピルエーテル）	102	−85	69	微溶 (0.2)
$H_2C{-}CH_2$ 　　O	エポキシエタン （オキシラン）	44	−111	11	∞*
	オキソラン （半慣用名 テトラヒドロフラン）	72	−109	65	∞
	メトキシベンゼン （メチルフェニルエーテル） （慣用名 アニソール）	108	−37	154	不溶
	1,4-ジオキサン	88	12	101	∞
	フラン	68	−86	31	微溶

* ∞は任意の割合で溶ける．

6.2.4 ハロゲン化アルキルとその命名法

炭化水素の水素原子がハロゲン原子（X）で置換された化合物をハロゲン化アルキルという．ハロゲン化アルキルは，sp^3 混成軌道をもつ炭素と，最外殻に 3 組の非共有電子対をもつハロゲン原子の軌道の重なりによってできたものである．ヨウ素とアスタチン以外のハロゲンは炭素より電気陰

表 6.10　ハロゲン化物の命名に用いる名称

	置換命名法 （接頭語）	基官能命名法 基官能種類名（接尾語）
フッ素	フルオロ（fluoro）	フッ化またはフルオリド（fluoride）
塩素	クロロ（chloro）	塩化またはクロリド（chloride）
臭素	ブロモ（bromo）	臭化またはブロミド（bromide）
ヨウ素	ヨード（iodo）	ヨウ化またはヨージド（iodide）

*7　図2.15を参照.

性度が大きく[*7]，C–X 結合は極性をもつ．ハロゲンは電気的に少し負電荷（$\delta-$）を帯び，ハロゲンと結合した炭素は部分的に正電荷（$\delta+$）を帯びる．その反応性の高さから，ハロゲン化アルキルは置換反応や脱離反応の反応中心になる．

　炭素と結合するハロゲン原子は，基官能命名法と置換命名法によって異なる名称が用いられる．基官能命名法では，ハロゲンの官能種類名を炭化水素基の後につける．日本語の翻訳名では炭化水素基の前につける（表6.10）．置換命名法では，ハロゲンを母体の炭化水素の置換基と考えて，次の順に命名する．

① 主鎖として，最も多数のハロゲン原子を含む最長の飽和炭素鎖，または不飽和結合を含む不飽和炭素鎖を見つけ，これに名称をつける．
② ハロゲン原子が結合した炭素の番号ができるだけ小さくなるように，主鎖の炭素原子に端から番号をつける．
③ ハロゲンが結合した炭素原子の位置番号とハロゲンの名称，および炭素置換基の位置番号と名称を，アルファベット順に主鎖名の前につける．
④ 同じ種類の官能基が2個または3個の場合は，ジ，トリなどを基の前につける（表6.11）．

6.2.5　カルボニル化合物

　アシル基が炭素，水素，酸素，塩素，窒素，硫黄などの原子と結合した化合物を**カルボニル化合物**という．カルボニル化合物は反応性の違いによって分類される．つまり，アシル基が水素と結合した**アルデヒド**，炭素と結合した**ケトン**のグループと，酸素と結合した**カルボン酸**や**エステル**，酸無水物やハロゲンと結合した**酸塩化物**，窒素と結合した**アミド**，硫黄と結合した**チオエステル**のグループである．

表 6.11 代表的なハロゲン化アルキルの名称と物理的性質

構造式	置換命名（基官能命名）	沸点（℃）	密度（g/cm³）
CH_3F	フルオロメタン（フッ化メチル）	−78	
CH_3Cl	クロロメタン（塩化メチル）	−24	0.920
CH_3Br	ブロモメタン（臭化メチル）	5	1.730
CH_3I	ヨードメタン（ヨウ化メチル）	43	2.279
C_2H_5F	フルオロエタン（フッ化エチレン）	−32	
C_2H_5Cl	クロロエタン（塩化エチレン）	12	0.921
C_2H_5Br	ブロモエタン（臭化エチレン）	38	1.452
C_2H_5I	ヨードエタン（ヨウ化エチレン）	72	1.950
C_3H_7F	1-フルオロプロパン（フッ化プロピル）	2	
C_3H_7Cl	1-クロロプロパン（塩化プロピル）	47	0.890
C_3H_7Br	1-ブロモプロパン（臭化プロピル）	71	1.353
C_3H_7I	1-ヨードプロパン（ヨウ化プロピル）	102	1.747

　カルボニル基の二重結合の炭素原子と酸素原子は，ともに sp^3 混成軌道をとる．炭素は 3 個の sp^3 混成軌道を使って σ 結合を形成する．炭素-炭素二重結合と同様に，これら軌道の長軸は 120° の結合角をつくり，同一平面に存在する．炭素の残りの p 軌道は，酸素の p 軌道と重なり合って π 結合を形成する．酸素原子には 2 組の非共有電子対があり，残り 2 個の軌道を占有している（図 6.15）．炭素-炭素二重結合と異なり，酸素の電気陰性度が炭素よりも大きいために C=O 結合は分極し，カルボニル炭素は部分的に正の電荷（$\delta+$），酸素は負の電荷（$\delta-$）を帯びている．カルボニル化合物と求核試薬の反応では，カルボニル炭素は求核試薬の攻撃の中心になる．

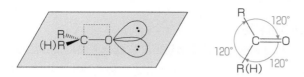

図 6.15 カルボニル基の構造

(1) アルデヒドの命名法

　アルデヒドは通常，2 種類の命名法によって表される．一つは，ほかの官能基の後にアルデヒド（aldehyde）をつける慣用名である．もう一つは置換命名法で，主鎖となる炭化水素鎖にアルデヒド基を表すアール（-al）をつけて命名する．次にその順を示す．

① CHO 基を含んだ最長の炭素鎖（主鎖）を見つける.
② 主鎖として選んだ炭化水素の語尾 e を，アルデヒドを表すアール（-al）に変える.
③ CHO 基の炭素を1として主鎖の炭素に番号をつける.
④ 主鎖の置換基に位置番号と名称をつけて接頭語とする.

　この命名法は，CHO 基より優先順位の高い官能基が存在しない場合のものであり，存在する場合はオキソまたはホルミルという接頭語をつける. 代表的なアルデヒドとその物理的性質を表6.12に示す.

表6.12　アルデヒドの性質

構造式	置換命名	慣用名	融点（℃）	沸点（℃）
HCHO	メタナール	ホルムアルデヒド	−92	−21
CH₃CHO	エタナール	アセトアルデヒド	−124	20
C₂H₅CHO	プロパナール	プロピオンアルデヒド	−81	49
C₃H₇CHO	ブタナール	ブチルアルデヒド	−99	76

CH₃CHCHO
  |
  CH₃
	2-メチル-1-プロパナール	イソブチルアルデヒド	−66	64

C₄H₉CHO	ペンタナール	バレルアルデヒド	−92	103

CH₃CHCH₂CHO
  |
  CH₃
	3-メチルブタナール	イソバレルアルデヒド	−51	93

C₅H₁₁CHO	ヘキサナール	カプロンアルデヒド	−56	131
CH₂＝CHCHO	プロペナール	アクリルアルデヒド（アクロレイン）	−88	53
CH₃CH＝CHCHO	2-ブテナール	クロトンアルデヒド	−75	104
⬡CHO	ベンゼンカルバルデヒド	ベンズアルデヒド	−57	179

(2) ケトンの命名法

　ケトンの名称は通常，置換命名法と基官能命名法によってつけられる. 基官能命名法は，R−CO−R′ で表される比較的簡単な構造の化合物にだけ適用される. この命名法では，R と R′ の基名を，英語にしたときの頭文字のアルファベット順にケトンの前に置く. R と R′ が同じ場合は数詞ジの接頭語をつける. 置換命名法では次のように命名する.

① CO 基を含んだ最長の炭素鎖（主鎖）を見つける.
② この主鎖の炭化水素名の語尾 e を，ケトンを表すオン（one）に変える.
③ CO 基の炭素番号がより小さくなるように主鎖に番号をつけ，CO 基

の位置番号をオンの直前に置く.

④ 主鎖の置換基に位置番号と名称をつけ，接頭語とする.

この命名法は，R−CO−R′ 基より優先順位の高い官能基が存在しない場合のものであり，存在する場合は，オキソという接頭語をつける．代表的なケトンの名称と物理的性質を表 6.13 に示す.

表6.13　**ケトンの性質**

構造式	置換命名	基官能命名（慣用名）	融点（℃）	沸点（℃）
CH_3COCH_3	プロパノン	ジメチルケトン（アセトン）	−94	56
$CH_3COC_2H_5$	ブタン-2-オン	エチルメチルケトン	−86	80
$CH_3COC_3H_7$	ペンタン-2-オン	メチルプロピルケトン	−78	101
$CH_3CO(CH_2)_3CH_3$	ヘキサン-2-オン	メチルブチルケトン	−57	127
$CH_3COCOCH_3$	ブタン-2,3-ジオン	（ビアセチル）	−3	88
$CH_3COCH_2COCH_3$	ペンタン-2,4-ジオン	（アセチルアセトン）	−23	140
⬡=O	シクロヘキサノン		−16	156

6.2.6　カルボン酸とその命名法

カルボン酸はカルボキシ基をもつ化合物である．カルボキシ基はカルボニル基とヒドロキシ基が結合した官能基であり，両方の特性をもつ．カルボキシ基の2個の酸素原子は2組の非共有電子対をもち，カルボニル炭素は sp^2 混成軌道をつくるため，カルボキシ基に結合した炭素とカルボキシ基の炭素，カルボキシ基の2個の酸素は同一平面上に位置する．C−C−O と O−C−O の結合角は約120°である（図6.16）.

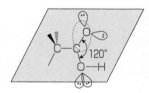

図6.16　**カルボキシ基の構造**

カルボン酸には置換命名法と慣用名が使われている．カルボン酸は慣用名をもつものが多いが，現在では使用が制限されており，とくにC6からC10の飽和モノカルボン酸の慣用名は使われない．置換命名法では次のように命名する.

① COOH 基を末端にもつ最長の直鎖状炭素鎖を見つけ，主鎖とする.

② この主鎖の炭化水素名の語尾 e を，カルボン酸を表す oic acid（酸）に変える.

③ COOH 基の炭素を1位として，炭素鎖に番号をつける.

④ 主鎖の置換基に位置番号と名称をつけ，接頭語とする.

代表的なカルボン酸の名称と物理的性質と表 6.14 に示す.

表6.14　カルボン酸の性質

構造式	置換命名	慣用名	融点（℃）	沸点（℃）
HCOOH	メタン酸	ギ酸	8	101
CH₃COOH	エタン酸	酢酸	17	118
C₂H₅COOH	プロパン酸	プロピオン酸	−21	141
C₃H₇COOH	ブタン酸	酪酸	−4	163
C₄H₉COOH	ペンタン酸	吉草酸	−35	187
C₅H₁₁COOH	ヘキサン酸	カプロン酸	−34	205
H₂C＝CHCOOH	プロペン酸	アクリル酸	13	142
C₆H₅COOH	ベンゼンカルボン酸	安息香酸	122	249
HOOCCOOH	エタン二酸	シュウ酸	190	分解
HOOCCH₂COOH	プロパン二酸	マロン酸	136	分解
HOOC(CH₂)₂COOH	ブタン二酸	コハク酸	188	分解
(Z)HOOCCH＝CHCOOH	cis-ブテン二酸	マレイン酸	139	分解
(E)HOOCCH＝CHCOOH	trans-ブテン二酸	フマル酸	287	200（昇華）
CH₃CH(OH)COOH	(S)-2-ヒドロキシプロパン酸	L-乳酸	53	分解

6.2.7　アミン

　脂肪族アミンは，アンモニア（NH₃）の1個以上の水素原子がアルキル基で置換された化合物であり，構造はNH₃と似ている．アミンの窒素原子はsp³混成軌道をとり，4個の混成軌道のうち3個は炭素または水素とσ結合をつくり，残り1個の混成軌道には非共有電子対が占めている．C−N−C結合角はsp³混成軌道の結合角の109°に近い値をとる．

　窒素に3種類の異なる置換基が結合した化合物は，非共有電子対を4番めの置換基と考える．これは，4種類の異なる置換基が結合した炭素化合物の構造に類似しており，キラルな構造である．ただし，アミンの窒素原子は電子配置を速やかに反転させるため，二つの鏡像異性体を分離することはできない（図6.17）．

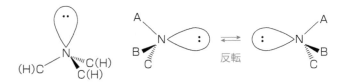

図6.17　脂肪族アミンの構造

（1）脂肪族アミンの命名法

　窒素原子に結合している炭素の数が1個，2個，3個のものを，それぞ

れ第一級アミン, 第二級アミン, 第三級アミンと呼ぶ. また, 4個のもの
は陽イオンとなり, 第四級アンモニウム塩と呼ばれる.

アミンは, NRH_2 より優先順位の高い官能基がある場合, 接頭語である
amino（アミノ）をつけて命名する. NRH_2 が最優先の官能基である場合
は次のように命名する.

① 簡単な構造の分子には, 基名に接尾語 amine（アミン）をつける.
② 窒素が結合した炭素を含む最長の炭化水素名から語尾 e をとり, そ
れに amine（アミン）をつける.
③ 水素原子と窒素原子からなる窒化水素鎖で単結合のみの場合は基名
に語尾 azane（アザン）をつけ, 二重結合を含む場合は azene（ア
ゼン）をつける.

代表的なアミンを表 6.15 に示す.

(2) 芳香族アミン

芳香族アミンの塩基性度は脂肪族アミンに比べると弱い. これは, 芳香
族アミンの共鳴構造により窒素原子の非共有電子対が非局在化して, 結合
に使われにくいためである. 芳香族アミンのアニリンの共鳴構造を図 6.18
に示す.

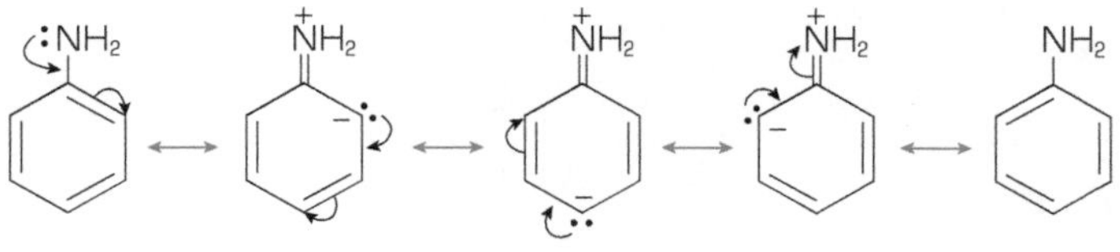

図 6.18　アニリンの共鳴構造

表 6.15　**アミンの性質**

構造式（アミン）	名称（アミン）	沸点（℃）	構造式（アルコール）	沸点（℃）
CH_3-NH_2	メタンアミン メチルアミン	−6	CH_3-OH	65
$CH_3CH_2-NH_2$	エタンアミン エチルアミン	16	CH_3CH_2-OH	78

CH_3-NH
    |
    CH_3
	N-メチルメタンアミン
	ジメチルアミン
		7		

$CH_3CH_2CH_2-NH_2$	プロパン-1-アミン プロピルアミン	48	$CH_3CH_2CH_2-OH$	97

CH_3CH-NH_2
    |
    CH_3
	プロパン-2-アミン
	イソプロピルアミン
		34	CH_3CH-OH
			    |
			    CH_3
				83

CH_2CH_3-NH
    |
    CH_3
	N-メチルエタンアミン
	エチルメチルアミン
		37		

CH_3-N-CH_3
    |
    CH_3
	N,N-ジメチルメタンアミン
	トリメチルアミン
		4		

$CH_3(CH_2)_3-NH_2$	ブタン-1-アミン ブチルアミン	76	$CH_3(CH_2)_3-OH$	118

$CH_3CHCH_2-NH_2$
    |
    CH_3
	2-メチルプロパン-1-アミン
	イソブチルアミン
		68	CH_3CH_2-OH
			    |
			    CH_3
				108

CH_3
    |
CH_3C-NH_2
    |
    CH_3
	1,1-ジメチルエタンアミン
	tert-ブチルアミン
		44	CH_3
			    |
			CH_3C-OH
			    |
			    CH_3
				82

$CH_3(CH_2)_5-NH_2$	ヘキサン-1-アミン ヘキシルアミン	129	$CH_3(CH_2)_5-OH$	157

C_2H_5
    |
C_2H_5N
    |
    C_2H_5
	N,N-ジエチルエタンアミン
	トリエチルアミン
		90		

6.2.8　命名法における官能基の優先順位

　化合物の名前における官能基の優先順位を表 6.16 に示す．化合物が複数の官能基をもつとき，優先順位の高い官能基が接尾語となり，低い官能基は接頭語となって，置換命名法を用いて表される．

表6.16　命名法における官能基の優先順位と名称

優先順位	官能基	構造	接頭語	接尾語	備考
1	カルボン酸	O‖C–OH	carboxy-	-oic acid (-酸)	（環状置換基の場合） -carboxylic acid
2	酸無水物	O‖C–O–C‖O	—	-oic anhydride (-酸無水物)	（環状置換基の場合） -carboxylic anhydride
3	エステル	O‖C–O	alkoxycarbonyl-	alkyl-oate (-酸アルキル)	（環状置換基の場合） alkyl-carboxylate
4	アミド	O‖C–N	(alkyl) carbamoyl-	(alkyl)-amide (-アミド)	（環状置換基の場合） -carboxamide
5	ニトリル	–C≡N	cyano-	-nitrile (-ニトリル)	（環状置換基の場合） -carbonitrile
6	アルデヒド	O‖C–H	formyl-（側鎖） oxo-（主鎖）	-al（アール）	（環状置換基の場合） -carbaldehyde
7	ケトン	O‖C	oxo-	-one（オン）	
8	アルコール	–OH	hydroxy-	-ol（オール）	
9	アミン	–N	(alkyl) amino-	(N-alkyl)-amine （アミン）	
10	アルケン	C=C	—	-ene（エン）	
11	アルキン	–C≡C–	—	-yne（イン）	
12	エーテル	O	oxa-（オキサ） (alk) oxy- （アルコキシ）	alkyl alkyl ether	
12	ハロゲン	–X (X = F, Cl, Br, I)	fluoro-（フルオロ） chloro-（クロロ） bromo-（ブロモ） iodo-（ヨード）	-fluoride（フッ化） -chloride（塩化） -bromide（臭化） -iodide（ヨウ化）	
12	ニトロ	–NO₂	nitro-（ニトロ）	—	
12	アルキル		alkyl-	—	

赤字：通常用いられる命名法，■：しばしば用いられる命名法，■：主鎖あるいは置換基の名称を入れる.
九州大学大学院理学研究院化学部門分子触媒化学研究室 HP 内 Courseworks「有機化合物命名法」より.

Column

界面活性剤と洗剤

　疎水基と親水基を適当なバランスでもち合わせた物質は，水の表面張力を小さくできるので界面活性剤と呼ばれる．石鹸などがそれにあたる．界面活性剤には複数の種類があり，親水基が水の中でどのようなイオンになるかによって性質が異なる．それらは図1のように分類される．界面活性剤の作用は，種類によって乳化，分散，起泡，消泡，帯電防止，殺菌など多様であり，洗浄以外にも幅広い用途がある．陽イオン界面活性剤には洗浄力がなく，殺菌・消毒剤や毛髪用リンス，衣類の柔軟剤などに用いられる．陰イオン界面活性剤または非イオン界面活性

剤は，衣類や食器などを洗う洗剤に用いられる．洗濯用洗剤には，洗浄補助剤として添加剤が入っている．たとえば，アルミノケイ酸ナトリウム（ゼオライト）は Ca^{2+} や Mg^{2+} を取り込んで，Na^+ を放出する．これは，硬水において洗浄力を保持するためである．また，一般的にアルカリ性洗剤は汚れが落ちやすいため，炭酸ナトリウムを加え，アルカリ性にする．さらに，タンパク質や脂質を分解する酵素を加えたり，白さを際立たせるために蛍光増白剤を加えたりするものもある．

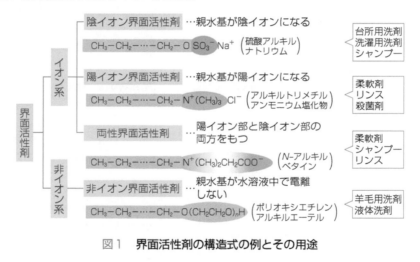

図1　界面活性剤の構造式の例とその用途

■ 6.3　異性体と立体化学

　有機化合物は C，H，O，N を中心に限られた元素で構成されているが，その種類はきわめて多い．有機化合物には，分子式は同じでも，その構造や性質の異なるものが存在する．これを異性体という．異性体には，大きく分けて構造異性体と立体異性体の2種類が存在する（図6.19）.

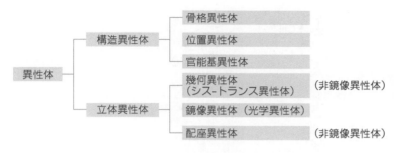

図 6.19 **異性体の分類**

6.3.1 構造異性体

　分子式は同じであるが，構造式が異なる化合物のことを**構造異性体**という．これには骨格異性体，位置異性体，官能基異性体がある．

(1) 骨格異性体

　分子式は同じでも炭素原子の連結の仕方が異なるものを**骨格異性体**という．炭素原子が 4 個以上になると現れる．アルカンの異性体は，C4 で 2 種，C5 で 3 種，C6 で 5 種，C7 で 9 種，C8 で 18 種，C9 で 35 種，C10 で 75 種になる（図 6.20，図 6.21）．

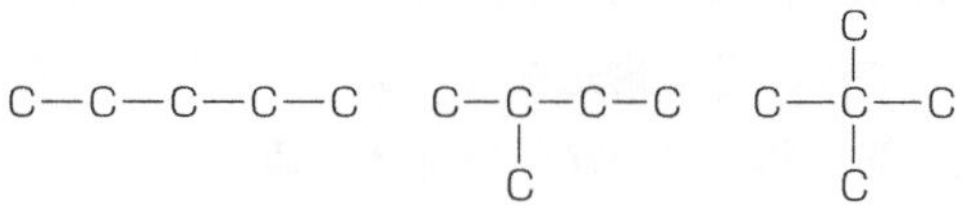

C—C—C—C—C　　C—C—C—C　　C—C—C
　　　　　　　　　　　|　　　　　　　|
　　　　　　　　　　　C　　　　　　　C
　　　　　　　　　　　　　　　　　　　|
　　　　　　　　　　　　　　　　　　　C

図 6.20 **C5 の異性体**

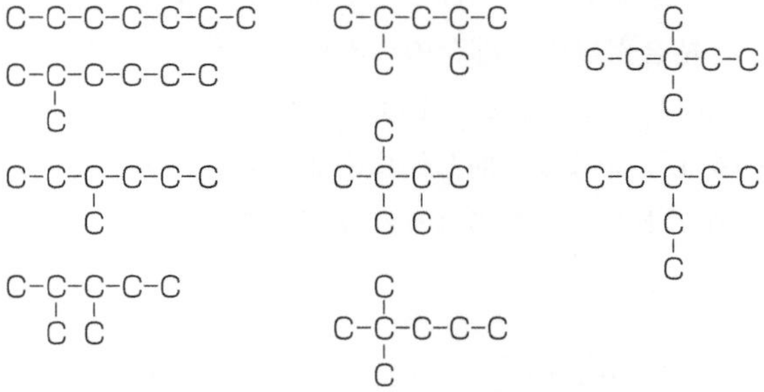

図 6.21 **C7 の異性体**

(2) 位置異性体

　分子式は同じでも官能基の位置が異なるものを**位置異性体**という．モノ置換ベンゼンに二つめの置換基を導入する場合，3 種類の位置異性体が生

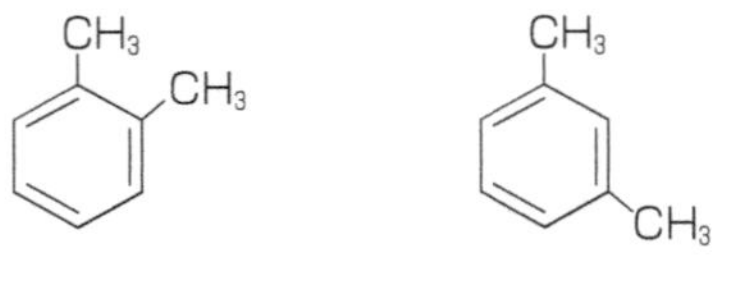

o-キシレン
（1,2-ジメチルベンゼン）

m-キシレン
（1,3-ジメチルベンゼン）

p-キシレン
（1,4-ジメチルベンゼン）

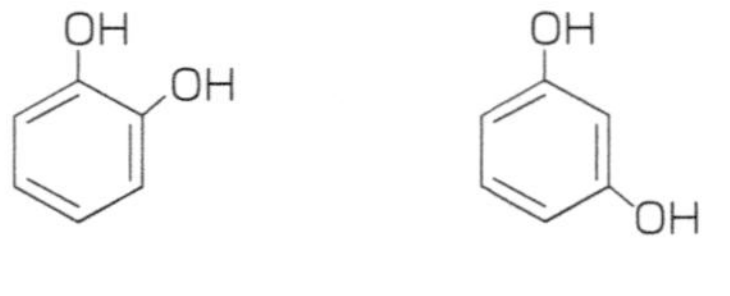

カテコール
（o-ジオキシベンゼン）

レソルシノール
（m-ジオキシベンゼン）

ヒドロキノン
（p-ジオキシベンゼン）

図 6.22　**位置異性体**

成される．相対的位置は o-（オルト），m-（メタ），p-（パラ）で表す（図 6.13）．
代表的な位置異性体を図 6.22 に示す．

6.3.2　立体異性体

原子の結合の順番や種類は同じであるが，空間的構造が異なるものを立
体異性体という．また，分子構造をこのように立体的に考える化学を立体
化学という．立体異性体には，幾何異性体，鏡像異性体，配座異性体があ
る．

(1) 幾何異性体

二重結合をもつ炭素は，σ 結合と分子軌道が重なって生じる π 結合をし
ているため，σ 結合だけの単結合の炭素原子と異なり，自由に回転できな
い．2-ブテンのように二重結合をはさんだ場合，二つのメチル基が反対
側にあるものをトランス型，同じ側にあるものをシス型といい，互いを幾
何異性体という．トランス型のほうが安定である（図 6.23）．

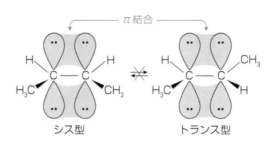

図 6.23　**2-ブテンの幾何異性体**

(2) 鏡像異性体（光学異性体）

　乳酸は，中心の炭素原子にすべて異なる原子または原子団[*8]が結合している．四つとも異なる原子または原子団が結合している単結合の炭素原子を不斉炭素原子という．不斉炭素原子には，空間的配置の異なる二つの立体異性体が存在する．そしてこの二つは，一方が実体だとすると，他方は鏡に映した像のような形をしている．右手の甲に左手の手の平を同じ向きに重ねることはできないが，手の平同士であれば互いに向き合わせて重ねることができる．このような関係の分子をキラル分子といい，**鏡像異性体（エナンチオマー）**と呼ぶ．乳酸の鏡像異性体は，D-乳酸およびL-乳酸と呼ばれる．乳酸を化学合成や発酵でつくると，D体とL体が等量に混じったものが得られる．この状態にある化合物をラセミ体[*9]という．動物組織中に存在する乳酸はL-乳酸のみである．

＊8　原子団とは，化合物の分子内に含まれる共有結合でつながった原子の集団である．

＊9　ラセミ体は旋光性を示さない．

(a) D/L 表示法

　立体配置と旋光性（13章参照）には，とくに相関性はない．キラル分子（対掌体）の三次元配置を絶対的に表現する方法として，ロザノフとフィッシャーが提案したD/L表示法，カーン，インゴールド，プレローグが提案した*R/S*表示法を用いることが多い．なおフィッシャーの投影構造式は，グリセルアルデヒドを標準物質とし，それぞれの立体配置に基づいて対掌体をD型およびL型とする（図6.24）．

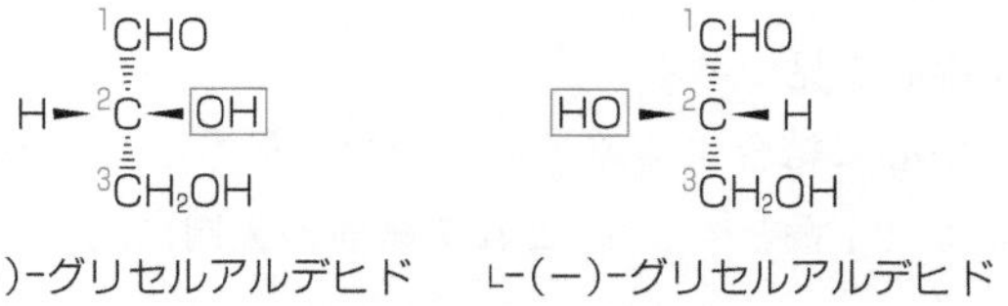

D-（＋）-グリセルアルデヒド　　L-（−）-グリセルアルデヒド

図 6.24　グリセルアルデヒドの対掌体

　グリセルアルデヒドで考えると，縦にCのつながりが記され，Cの上下の結合手はいずれも後方（奥の方向）に伸びている．これに対してCの左右の結合手は手前に伸びていて，それぞれHとOHが結合している．このとき，2位の不斉炭素原子に結合するOHの位置が右にくるものをD型，左にくるものをL型とする．D/Lはスモールキャピタル（小文字と同じ高さの大文字）で記される．

(b) *α*型と*β*型

　キシロースなどのペントース（五炭糖）やグルコースなどのヘキソース（六単糖）は，水溶液中で環状構造をとっている．グルコースを例に示すと，1位のCと5位のCに結合しているヒドロキシ基との間でヘミアセ

タール結合が起こり，環状構造となる（図6.25）．その結果，1位のCは新たに不斉炭素原子となり，このCをアノマー炭素原子，これにより生じたヒドロキシ基をアノマー性ヒドロキシ基と呼ぶ．このヒドロキシ基の位置が6位の−CH₂OHと反対の面にあるか同じ面にあるかにより，二つの異性体が生じる．前者をα型，後者をβ型という．

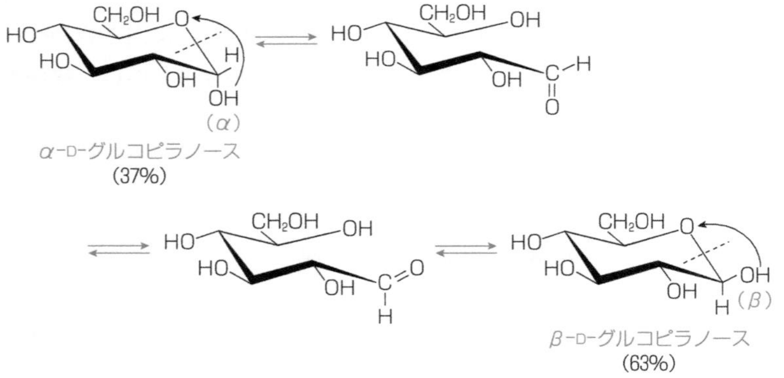

α-ᴅ-グルコピラノース
(37%)

β-ᴅ-グルコピラノース
(63%)

図6.25　グルコースの環型互変異性

(c) R/S 表示

分子の絶対配置を考慮して表記する方法の一つに R/S 表示法がある（図6.26）．RとSの見分け方は，次のように進める．

① キラル中心を見つける．
② キラル中心に結合する原子のなかで，最も小さい原子番号のものを見つける（4番とする）．これを紙面の裏側に向け，表から残り三つの基を見る．
③ キラル中心に直接結合している原子のうちで，最も大きい原子番号

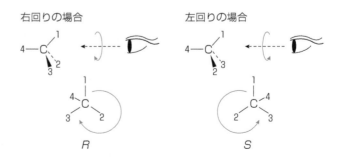

右回りの場合　　　　　　左回りの場合

R　　　　　　　　S

図6.26　R/S 表示法による立体配置の順位づけ

のものを1番，次に大きいものを2番，その次を3番という順に番
号をつける．最初の原子の原子番号が同じ場合，順に外側へ向かっ
て原子番号を比べて見ていき，順位をつける．同じ原子（同位体）
のときは，質量数の多いものが優先される．単結合と多重結合は同
格とする．

④ 三つの置換基を $1 \rightarrow 2 \rightarrow 3$ と番号順に回した（結んだ）とき，右回
りとなるものに R（rectus），左回りとなるものに S（sinister）を物
質の名称の前に置く．

乳酸の場合，不斉炭素原子に結合している OH 基が1番，COOH 基が
2番，CH_3 基が3番，H が4番となる．そこで，D/L 表示法の D 型は右回
りとなり (R)-$(-)$-乳酸，L 型は左回りとなるので (S)-$(+)$-乳酸と表さ
れる[10]．

* 10 （＋）および（－）は旋
光性の向きを意味し，（＋）
は右旋性，（－）は左旋性を
示す．R/S 表示や D/L 表示
とは相関性がない．

6.3.3　立体配座

平面的に書くと同じ構造の炭素化合物であるのに，立体的に書くと異な
る構造をしているものがある．それは炭素原子同士が単結合をしている場
合，常温において単結合（σ 結合）を中心にして分子が自由に回転するか
らである．その回転の速さはきわめて速く，数十万回/秒以上といわれて
いる．

エタンの両側の炭素原子に結合している3個の水素原子は，炭素原子同
士の σ 結合を中心に回転し，ねじれることでその空間的配置は異なる．
ねじれの角度によって，空間的配置の異なるものは無数に生じる．この立
体配座の異なるものを**配座異性体**という．

両方の炭素原子が重なってみえる位置から水素原子を見たとき，エタン
の片方の炭素原子に結合する3個の水素原子の位置が，もう片方の炭素原
子に結合する水素と重なる場合，**重なり型**という（図 6.27）．この形は互
いの水素原子が最も近くなり，電子対の反発も大きく，エネルギーが最大
となり，不安定である（図 6.28）．

重なり型から60°ねじれたものを**ねじれ型**という．互いの水素原子同士
が最も離れた位置となり，エネルギーは最小で最も安定している．最も不
安定なものと安定なものとの間には 12.5 kJ/mol のエネルギー差がある．
エネルギーが低いもののほうが，存在する確率は高い．

シクロヘキサンやグルコースなどの六員環構造をとるものに，いす形と
舟形が存在する（図 6.4 参照）．立体配座の違いから生じるこのいす形と

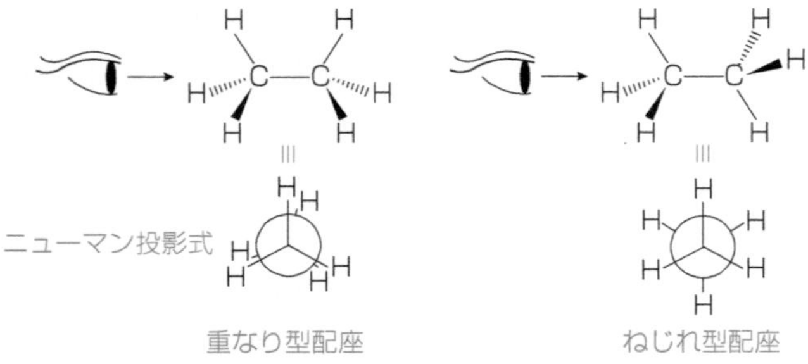

図 6.27　エタンの立体配座とニューマン投影式

舟形は，互いに配座異性体である．なお，いす形と舟形の間には互換性が
あるが，実際には安定性の高いいす形がほとんどを占める．

Column

クロスカップリング

カップリング反応とは，二つの有機化合物の間で新しい炭素-炭素結合を生じさせることにより，炭素数の多い有機化合物を生成する反応である．二つの化合物が互いに異なる場合はクロスカップリングと呼ばれる．

$$R^1-X + R^2-Y \longrightarrow R^1-R^2 + X-Y$$

合成の容易な有機ハロゲン化物（X＝Cl，Br，I）を用いることで，簡単な構造の有機化合物を組み合わせて，複雑な構造をもつ有機化合物をつくり出すことができる．1970 年代にパラジウム触媒が見いだされ，現在でも使用されている．下の反応例では，触媒として塩化パラジウム（$PdCl_2$）や酢酸パラジウム〔$(CH_3COO)_2Pd$〕が用いられた．これらは，1971～72 年に日本の溝呂木勉らとアメリカの R. ヘックらがそれぞれに発見した．

$$Bnz-Cl + H_2C=CH-Bnz \xrightarrow{触媒}$$
$$Bnz-CH=CH-Bnz + HCl$$

その後，多くの化学者によって改良された．現在最も幅広く使われているのが鈴木章と宮浦憲夫が 1979 年に発見した反応である．

$$R^1-Cl + R^2-B(OH)_2 + OH^- \longrightarrow$$
$$R^1-R^2 + B(OH)_3 + Cl^-$$

この反応は次に示すような長所があることから，その後さらに改良されるとともに，医薬品合成など工業的にも広く応用されている．

① 原料を入手しやすい．
② 脂肪族や芳香族など，広範囲な R^1 と R^2 に適用できる．
③ 反応条件が穏やか．
④ 副生成物〔$B(OH)_3$ や Cl^-〕が無害．

また，根岸英一らが 1977 年に発見した反応も，比較的手に入りやすい有機亜鉛化合物を用いており，応用範囲も広いことから，化学者の間では幅広く使われている．

$$R^1-Cl + R^2-ZnCl \xrightarrow{触媒} R^1-R^2 + ZnCl_2$$

これらの発見に対して，2010 年のノーベル化学賞がヘック，鈴木，根岸の 3 氏に授与された．この分野では，ほかにも多くの日本人化学者が活躍している．

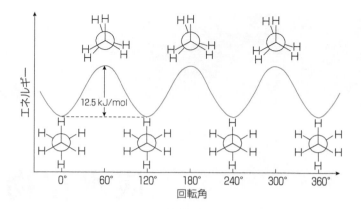

図 6.28　エタンの結合回転による異性化のポテンシャルエネルギー図

復習問題

1．それぞれの構造異性体をすべて書きなさい.
　　a. C_6H_{14}　　b. C_2H_6O　　c. $C_2H_4O_2$

2．それぞれの名称を答えなさい.
　　a. C_4H_{10}　　b. $CHCl_3$　　c. C_3H_7OH
　　d. $C_2H_5OC_2H_5$　　e. $(CH_3)_2(C_2H_5)N$　　f. $HCHO$
　　g. $C_2H_5COC_3H_7$　　h. CH_3COOH　　i. $CH_3COOC_2H_5$

3．それぞれの構造式を書きなさい.
　　a. m-ジクロロベンゼン　　b. 2,4,6-トリニトロトルエン
　　c. 4-ヒドロキシノナナール　　d. 3,5-オクタンジオン
　　e. 2,3-ジオキソヘプタン

7章

炭水化物

予習動画
のサイト

7章をタップ！

7.1　三大栄養素によるエネルギー産生

　炭水化物は，植物の光合成により二酸化炭素と水から生合成される．炭素（C），水素（H），酸素（O）の三つの元素からなり，一般式 $C_m(H_2O)_n$ で表される化合物である．そのため，炭素と水が結合した化合物として炭水化物と呼ばれる．また近年，炭素，水素，酸素以外の元素を含む物質も炭水化物に含まれるようになってきた．炭水化物であるデンプンは，人類にとって主要な食糧資源である．炭水化物は，ヒトのエネルギー利用の可否から，ヒトの消化酵素の作用を受け，体内で消化・吸収，代謝され，エネルギー源になる**糖質**と，ヒトの消化酵素で消化できず，エネルギー源にならない**食物繊維**に分類される．

　炭水化物は，脂質，タンパク質と合わせてヒトの三大栄養素を構成している．これらはヒトの体内で代謝により，1 g あたり炭水化物（糖質）で4 kcal，脂質で9 kcal，タンパク質で4 kcal のエネルギー（熱量）をもたらす源である．

　糖質の代謝に関わるおもな過程は，炭水化物が消化酵素によりグルコースへ分解され，**解糖系**に次ぐ**TCA 回路**を経て，**電子伝達系**により高エネルギー分子のアデノシン三リン酸（ATP）が生成される（図7.1）．また，肝臓，脂肪組織，副腎皮質などでペントースリン酸回路によっても代謝される．過剰に摂取したときは，やはり炭水化物であるグリコーゲンとして，ヒトの体内に貯蔵される．同じく三大栄養素である脂質は，脂肪酸とグリセロールに分解され，結果的にアセチル CoA を経て，体内において ATP 産生に関わる．タンパク質は，その構成成分であるアミノ酸に分解され，

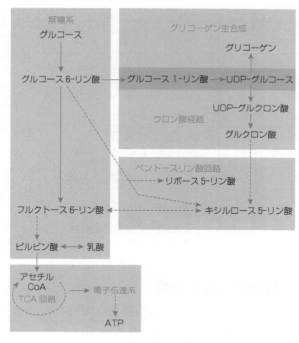

図 7.1 糖質代謝の概要
←── 1 段階の酵素反応で進行，←---- 複数の酵素反応で進行.

炭素骨格とアミノ基が代謝される．炭素骨格の代謝において，α-ケト酸[*1] からアセチル CoA または TCA 回路の中間体を経て，やはり結果として ATP 産生に関わる．（図 7.2）これら三大栄養素のヒトにおける消化の過程は，図 7.3 に示すように，体内で酵素による分解（生化学反応）を受け，すでに述べた各種の経路により ATP 産生につながっている．

*1 カルボキシ基とケトン基が結合した有機酸で，両方の基が同じ炭素原子に結合している酸をいう．たとえばピルビン酸，オキサロ酢酸，α-ケトグルタル酸がある．ピルビン酸は，体内におけるグルコースの代謝産物である．

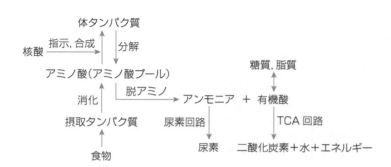

図 7.2 アミノ酸代謝の概要

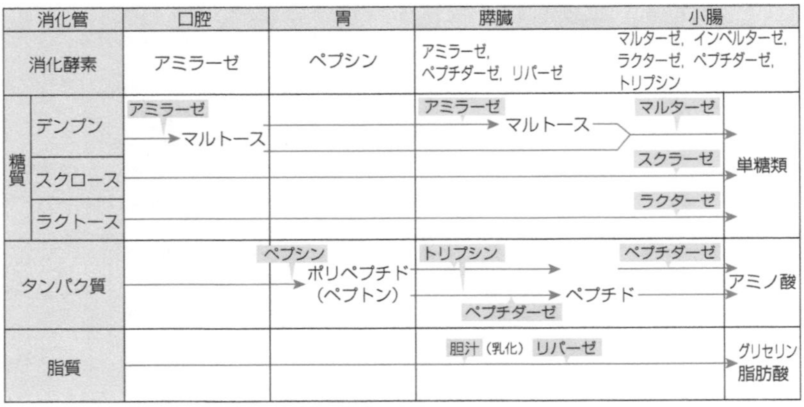
消化管
口腔
胃
膵臓
小腸
消化酵素
アミラーゼ
ペプシン
アミラーゼ,
ペプチダーゼ, リパーゼ
マルターゼ, インベルターゼ,
ラクターゼ, ペプチダーゼ,
トリプシン
糖質
デンプン
スクロース
ラクトース
アミラーゼ
マルトース
アミラーゼ
マルトース
マルターゼ
スクラーゼ
ラクターゼ
単糖類
タンパク質
ペプシン
ポリペプチド
(ペプトン)
トリプシン
ペプチダーゼ
ペプチド
ペプチダーゼ
アミノ酸
脂質
胆汁(乳化)
リパーゼ
グリセリン
脂肪酸

図7.3　**三大栄養素の消化の過程**

吉田真史, 谷口亜樹子編著, 『基礎化学と生命化学』, 光生館 (2014), p.53 より.

7.2　糖質の定義と分類

糖質とは, その基本構造として, 二つ以上のヒドロキシ基と一つのカルボニル基をもつ化合物と, その重合体である. すでに示した一般式 $C_m(H_2O)_n$ で表される.

炭水化物では, 単糖を最小単位として, 単糖が1個で存在する場合を**単糖類**, 2～10個重合 (結合) したものを**少糖類** (**オリゴ糖**), 多数重合 (結合) したものを**多糖類**として分類する (表7.1).

表7.1　**糖質の分類**

分類		例
単糖類	五炭糖	キシロース, リボース, アラビノース
	六炭糖	グルコース (ブドウ糖), マンノース, ガラクトース, フルクトース (果糖)
少糖類 (オリゴ糖)	二糖類	スクロース (ショ糖), マルトース (麦芽糖), ラクトース (乳糖)
	三糖類	ラフィノース
	四糖類	スタキオース
多糖類	単純多糖類	デンプン (アミロース, アミロペクチン), グリコーゲン, セルロース, イヌリン
	複合多糖類	寒天 (アガロース, アガロペクチン), マンナン, カラギーナン
	ムコ多糖類	キチン, コンドロイチン硫酸
	ポリウロニド	アルギン酸, ペクチン
	糖タンパク質	プロテオグリカン
	糖脂質	グリセロ糖脂質

7.2.1 単 糖 類

　単糖は，多くの種類が存在する炭水化物の基本体となるもので，最も簡
単な構造は炭素数3の三炭糖（トリオース）である．炭素数4で四炭糖
（テトロース），5で五炭糖（ペントース），6で六炭糖（ヘキソース）と
呼ばれる（表7.2）．これらのなかで，五炭糖や六炭糖が酸化，還元ある
いはアミノ化したものを**誘導糖質**といい，次のものがある（表7.3）．

① **糖アルコール**：単糖のカルボニル基を還元して誘導される多価アル
　　コールをいい，キシリトール，ソルビトールなどがある．これらは

表7.2 **おもな単糖類**

	D-アルドース				D-ケトース	
三炭糖（トリオース）	CHO HCOH CH₂OH D-グリセルアルデヒド				CH₂OH C=O CH₂OH D-ジヒドロキシアセトン	
四炭糖（テトロース）	CHO HCOH HCOH CH₂OH D-エリトロース	CHO HOCH HCOH CH₂OH D-トレオース			CH₂OH C=O HCOH CH₂OH D-エリトルロース	
五炭糖（ペントース）	CHO HCOH HCOH HCOH CH₂OH D-リボース	CHO HOCH HCOH HCOH CH₂OH D-アラビノース	CHO HCOH HOCH HCOH CH₂OH D-キシロース		CH₂OH C=O HCOH HCOH CH₂OH D-リブロース	
六炭糖（ヘキソース）	CHO HCOH HOCH HCOH HCOH CH₂OH D-グルコース	CHO HOCH HOCH HCOH HCOH CH₂OH D-マンノース	CHO HCOH HCOH HOCH HCOH CH₂OH D-グロース	CHO HCOH HOCH HOCH HCOH CH₂OH D-ガラクトース	CH₂OH C=O HOCH HCOH HCOH CH₂OH D-フルクトース	CH₂OH C=O HCOH HOCH HCOH CH₂OH D-ソルボース

表 7.3　**食品に含まれる誘導糖質（単糖類誘導体）**

物質名		構造	物質名		構造
糖アルコール	D-キシリトール	CH₂OH / HCOH / HOCH / HCOH / CH₂OH	アミノ糖	D-グルコサミン	（構造式）
	D-ソルビトール（D-グルシトール）	CH₂OH / HCOH / HOCH / HCOH / HCOH / CH₂OH		D-ガラクトサミン	（構造式）
	D-マンニトール	CH₂OH / HOCH / HOCH / HCOH / HCOH / CH₂OH	デオキシ糖	D-2-デオキシリボース	（構造式）
ウロン酸	D-グルクロン酸	（構造式 COOH）	アルドン酸とその誘導体	D-グルコン酸	COOH / HCOH / HOCH / HCOH / HCOH / CH₂OH
	D-ガラクツロン酸	（構造式 COOH）		D-グルコノ-δ-ラクトン	（構造式）

キシロース，グルコースを還元して得られ，甘味をもち，抗う蝕性
がある．マンニトールはマンノースを還元して得られるが，干し柿
や昆布の表面に白い粉として析出している物質でもある．

② **ウロン酸**：ヘキソース分子内で，アルデヒド基またはケトン基はそ
のままで，ヒドロキシメチル基（−CH₂OH）が酸化されてカルボキ
シ基（−COOH）になったものをいう．グルコースの 6 位に位置す

るヒドロキシメチル基が酸化されたものがグルクロン酸で，アラビアガムや海藻に含まれ，増粘性を示す．また，ガラクトースの6位が酸化されたガラクツロン酸は，ジャムなどの原料になるペクチンの構成糖である．

③ **アミノ糖**：単糖分子内のヒドロキシ基がアミノ基に置き換わったもので，グルコースからはグルコサミンができる．これはエビやカニの殻のキチンを構成する．

④ **デオキシ糖**：単糖分子内のヒドロキシ基が水素に置き換わった糖をいい，核酸（DNA）のデオキシリボースがその例である．

⑤ **アルドン酸**：単糖分子内の1位のアルデヒド基がカルボキシ基に酸化されたもので，豆腐の凝固剤であるグルコノ-δ-ラクトンは，グルコン酸の分子内の脱水により生じたものである．

7.2.2 少 糖 類

少糖類（オリゴ糖）は単糖類が脱水縮合によりエーテル結合したものであり，このエーテル結合をグリコシド結合という．2個の単糖が結合したものを二糖類といい，私たちの生活の身近な食品中に多く存在し，スクロース（ショ糖），マルトース（麦芽糖），ラクトース（乳糖）が代表的なものである（図7.4）．

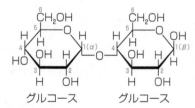

スクロースの構造

グルコース　　フルクトース

マルトースの構造

グルコース　　グルコース

ラクトースの構造

ガラクトース　　グルコース

図7.4　**おもな二糖類**

7.2.3　多 糖 類

多糖類は，単糖やその誘導体がグリコシド結合により数多く結合した高分子化合物である．1種類の単糖からなる**単純多糖類**，複数の単糖からなる**複合多糖類**などに分類される（表7.1参照）．

■ 7.3　単糖のキラリティー

最も簡単な単糖である三単糖のグリセルアルデヒドの構造は，図7.5(a)に示すように2種類で表すことができる．すなわち，中心の炭素原子（^2C）に対して，結合するアルデヒド基（$-CHO$），ヒドロキシ基（$-OH$），ヒドロキシメチル基（$-CH_2OH$），水素（$-H$）の結合を考えたとき，四つの置換基はすべて異なっている．この場合，この中心に存在する炭素原子（^2C）を**不斉炭素原子**という．図7.5(b)に示すように，互いに鏡に映したような関係になる．この関係にある異性体を**鏡像異性体**という．鏡像異性体をもつ性質を**キラリティー**といい，不斉炭素原子を**キラル中心**という[*2]．

*2　6.3.2項（2）を参照．

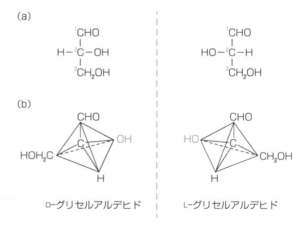

図7.5　グリセルアルデヒドの立体異性

単糖の鏡像異性体において，アルデヒド基を上に，ヒドロキシメチル基を下に示したとき，ヒドロキシメチル基の一つ上（アルデヒド基から最も離れた位置）の不斉炭素原子の右側にヒドロキシ基があるものを D 型，左側にあるものを L 型とする．単糖の D 型，L 型は，アルドース（後述）ではトリオースのグリセルアルデヒドを立体配置の基準に，またケトースではテトロースのエリロースを立体配置の基準にする．つまり，アルデヒド基（カルボニル基）から最も離れた位置にある不斉炭素原子に結合しているヒドロキシ基の立体配置を，グリセルアルデヒドの立体配置と比較して，

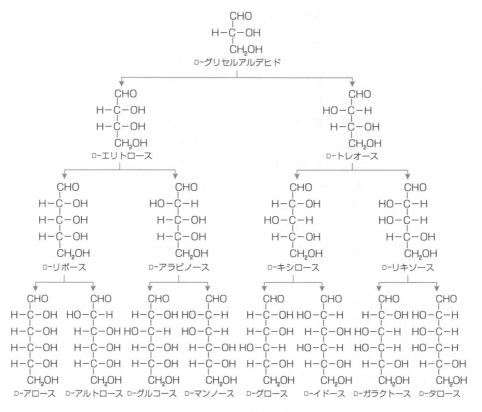

図7.6　D系列のアルドース

グリセルアルデヒドと同じ右側にあるものを D 系列，左側にあるものを
L 系列として分類する．天然に存在する単糖はほとんどが D 型である．こ
れをもとに三炭糖から六炭糖までの D 系列のアルドースを示すと図 7.6
のようになる．

　また，三炭糖のグリセルアルデヒドでは 2 個の鏡像異性体が存在するが，
四炭糖，五炭糖，六炭糖では，不斉炭素原子がそれぞれ 2，3，4 個存在
するため，四炭糖では $2^2 = 4$ 個，五炭糖では $2^3 = 8$ 個，六炭糖では
$2^4 = 16$ 個の立体異性体が存在することになる．したがって，1 分子中の
不斉炭素原子の数 n に対して 2^n 種の異性体が存在する．

7.4　アルドースとケトースの環状化

　単糖類のなかで，天然に多く存在するのは六炭糖のグルコースとフルク
トースである．これらの糖のほとんどは，結晶状態や水溶液に溶解してい
る状態のとき，環状の構造をとっている．これは，カルボニル基がヒドロ

＊3　アルデヒドやケトンは，1分子のアルコールと反応してヘミアセタールやヘミケタール，2分子のアルコールと反応してアセタールやケタールをつくる性質をもっている．糖分子でも同様に，アルデヒドやケトンがヒドロキシ基と反応してヘミアセタールやヘミケタールを形成する．

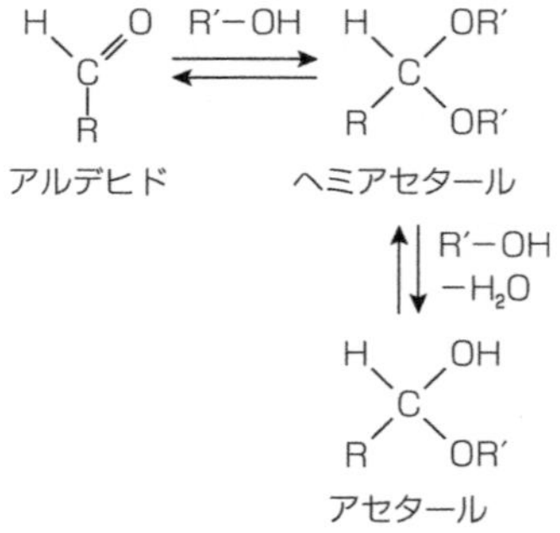

アルデヒド　　ヘミアセタール

アセタール

＊4　糖が環状構造を形成するとき，五員環のフラン，六員環のピランに準じて，五員環構造のものをフラノース，六員環構造のものをピラノースという．

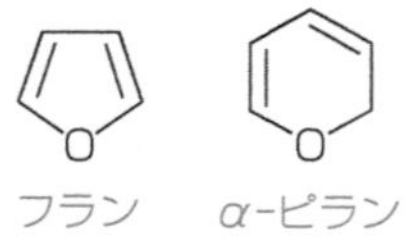

フラン　　α-ピラン

キシ基と容易に反応して安定なヘミアセタール構造[3]をつくりやすいためである．実際，グルコースは5位のヒドロキシ基が1位の炭素原子と結合した六員環の構造（ピラノース構造）[4]をとっている．このとき1位に生じるヒドロキシ基は，カルボニル基によるものであるため，ほかのヒドロキシ基と違って反応性が高く，還元性をもっており，**グリコシド性ヒドロキシ基**と呼ばれる．一方，鎖状構造においてアルデヒド基をもつものを**アルドース**，ケトン基をもつものを**ケトース**という．アルドースの代表的なものがグルコースである．グルコースは図7.7(a) に示すように一部の分子が環状構造となり，アルデヒド基をもつ構造体と α-アノマー，β-アノマー型の構造体の三つによる平衡状態になる．一方，ケトースの代表的なものにフルクトースがあり，同じく一部が開環してケトン基をもつ構造体と α-アノマー，β-アノマー型の構造体の平衡状態をとる〔図7.7(b)〕．

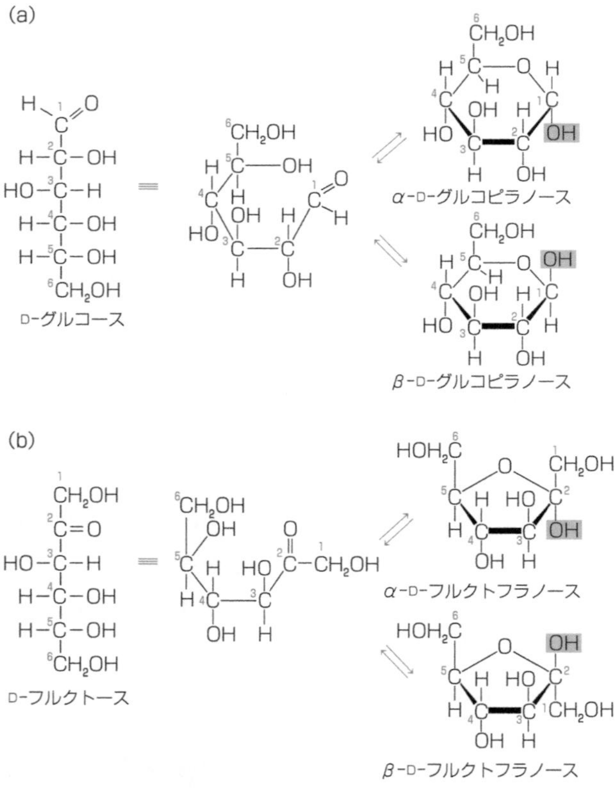

(a)

D-グルコース

α-D-グルコピラノース

β-D-グルコピラノース

(b)

D-フルクトース

α-D-フルクトフラノース

β-D-フルクトフラノース

図7.7　グルコースとフルクトースの鎖状構造と環状構造

Column

フィッシャー式とハワース式の書き方

　たとえば単糖のグルコースの構造を表示する方法には，鎖状構造で示すフィッシャー式と環状構造で示すハワース式がある（図 1）.

　フィッシャー式ではアルデヒド基，ケトン基を上部に書き，最上部の炭素原子の番号を 1 とする．そして下方へ順に C2, C3 …… C6 とつける．アルドースのヘキソースでは，C2 から C5 の炭素は不斉炭素原子となる．ヘキソースでは，C5 に結合しているヒドロキシ基（−OH）がこの分子式の右側にあるものを D 型，左側にあるものを L 型とする.

　この鎖状式（フィッシャー式）を環状のハワース式に書き直す．そして鎖状式を右に 90° 回転させ，C1 を右に配置する．C2 から順に C3 …… C5 と番号をつける．C5 と C1 を O（酸素）を介した結合とする．最後に，C6 を C5 の上部に書くことで六員環の構造式ができる．それぞれの炭素に結合したヒドロキシ基を鎖状の位置に書くと，C1 では上または下にヒドロキシ基がくる．上の場合が β，下の場合が α となる.

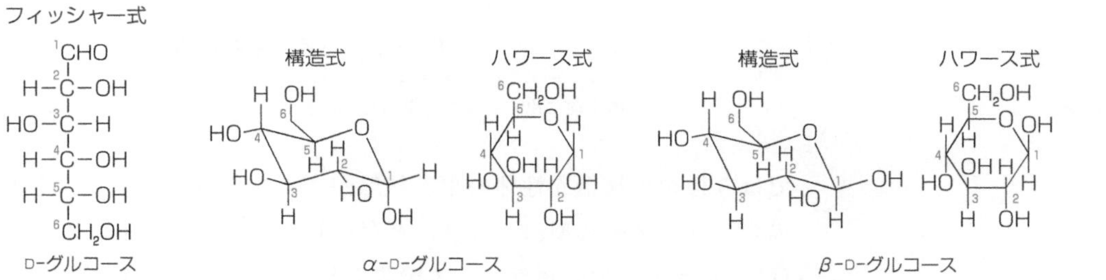

図 1　フィッシャー式とハワース式によるグルコース構造の表示

■ 7.5　アノマー

　五炭糖のキシロースや六炭糖のグルコースは，水溶液中では図 7.7 に示したように，開環によりアルデヒド基やケトン基をもつアルドース，ケトースといった構造をとる．たとえばグルコースは，水溶液中では開環を経て環型の相互変換を生じる.

　環状構造で 1 位の炭素原子は不斉炭素原子となるため，二つの異性体（アノマーという）が存在する．この 1 位の炭素原子に結合したヒドロキシ基（グリコシド性ヒドロキシ基）が 6 位のヒドロキシメチル基を基準に異なる方向のものを α 型（α-アノマー），同方向にあるものを β 型（β-アノマー）という[5].

　この α 型と β 型では物理的性質として旋光度が異なり，環型の相互変換が起こることで変旋光という現象が見られる．D-グルコースの水溶液

※5　6.3.2 項（2）を参照.

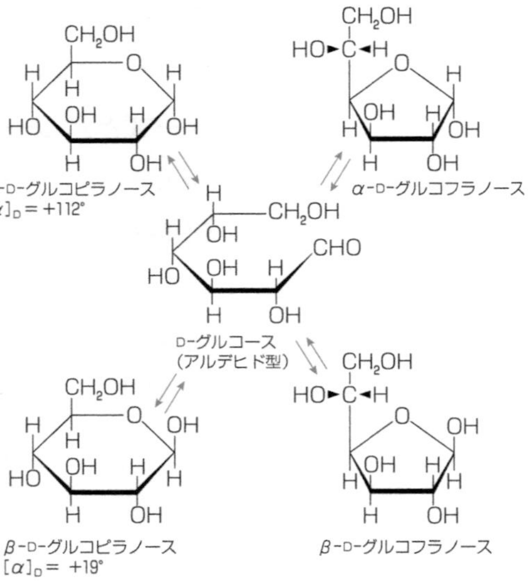

図 7.8　D-グルコースの平衡状態

フラノース型中の ►◄ は，C5 についている OH，H が紙面の手前に出ていることを示している．

では 5 種類の構造異性体の平衡状態が考えらえる（図 7.8）．しかしこの場合，フラノース型は，ほとんど存在しない．今，結晶の D-グルコース（ほとんどが α 型のピラノース構造をとっている）を水に溶解する．その直後は α 型の +112.2° の旋光度を示す．その後，時間の経過に伴い，図 7.8 に示したような平衡状態をとり，旋光度は +52.7° になる．このような変旋光は，水溶液中で α 型と β 型が相互変換されながら，平衡状態に達することで起こる．β 型の旋光度は +18.7° である．平衡状態では両者の存在比がほぼ α：β=37：63（鎖状型は 1% 以下）であり，平衡状態の旋光度は両者の比率と旋光度が反映した旋光度に近くなる．すなわち，

（α 型の旋光度×存在割合）＋（β 型の旋光度×存在割合）

= （平衡状態の旋光度）

（+112.2°）× 0.37 +（+18.7°）× 0.63 ＝ +53.3

鎖状構造が一部存在するため，+52.7° となる．

　また糖では，異なるアノマーにより甘味度が異なることが知られており，グルコースでは α 型より β 型のほうが 1.5 倍甘く，フルクトースでは α 型より β 型のほうが約 3 倍甘い．フルクトースは低温条件で β 型が α 型より増加するため，果実や清涼飲料水では冷却したほうが甘さが増す（表 7.4）．

表7.4 甘味物質（糖類）の甘味度*の比較

甘味物質	甘味度	甘味物質	甘味度
糖質		天然甘味物質	
α-D-グルコース	0.74	スチビオシド	100～300
β-D-グルコース	0.50	グリチルリチン	250
α-D-フルクトース	0.60	タウマチン	2500～3000
β-D-フルクトース	1.80	モネリン	1500～2500
α-D-ガラクトース	0.32	マビンリン	300
β-D-ガラクトース	0.21	糖アルコール	
α-D-ラクトース	0.16	エリトリトール	0.7～0.85
β-D-ラクトース	0.32	キシリトール	1
α-D-マルトース	0.50	ソルビトール	0.5～0.6
パラチノース	0.42～0.50	マンニトール	0.7
転化糖	1.2	マルチトール	0.6～0.95
カップリングシュガー	0.5	ラクチトール	0.3～0.4
		人工甘味物質	
		サッカリン	500
		アスパルテーム	180～200

＊ スクロースを1とした場合.

Column

旋光性という性質

　旋光性は，単糖類ばかりでなく，アミノ酸においても観測される現象である．鏡像異性体は，図2に示すように，自然光などの多面性をもつ光をプリズムや偏光板を通過させることで，一定の偏光（平面偏光）のみが得られる．この平面偏光を鏡像異性体が溶けた溶液中を通過させるとき，その偏光を回転させる性質を旋光性という．この偏光面が時計回り（右回り）に回転させる性質を右旋性といい，回転角度に（＋）をつける．逆に反時計回り（左回り）に回転させる性質を左旋性といい，回転角度に（－）をつけて表す．右旋性と左旋性の鏡像異性体が同量の場合は，ラセミ体といい，旋光性を示さない．

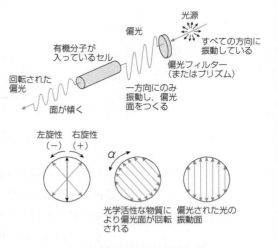

図2 旋光計による旋光度の測定

山本勇編著，『健康と栄養のための有機化学』，建帛社（2010），竹山恵美子著，第4章，p.81 より.

■ 7.6　多糖類とグリコシド結合

単糖がグリコシド結合することで**多糖類**が構成される．単糖は五炭糖以上で五員環または六員環としておもに存在し，これらの環構造をとる単糖のみがグルコシド結合により少糖類，多糖類をつくることができる．多糖類は次に示すように分類される．

7.6.1　単純多糖類

代表的な単純多糖類にアミロース，アミロペクチン，セルロース，グリコーゲンがある．

デンプンは，アミロースとアミロペクチンと呼ばれる二つの多糖類から構成されている．両者はともにグルコースのみからできている．アミロースは，グルコースが α-1,4 結合のグリコシド結合で連なった直鎖状の構造をとっている．一方アミロペクチンは，アミロースのところどころから α-1,6 結合により分岐した構造をとっている（図7.9）．

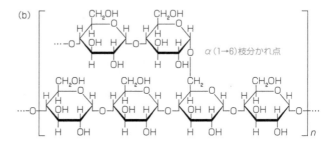

図7.9　**アミロース（a）とアミロペクチン（b）の構造**

デンプンが植物の**貯蔵多糖**であるのに対し，動物において肝臓や筋肉に局在する**グリコーゲン**もグルコースからなる貯蔵多糖であり，アミロペクチンに似た構造をしている．

また，植物細胞の構造を支えている細胞壁の主成分である**セルロース**は，β-D-グルコースが β-1,4 グリコシド結合した直鎖状の分子である（図7.10）．ヒトはセルロースを分解する酵素（セルラーゼ）をもっていないため，セルロースを分解できず，エネルギー産生に用いることができない．

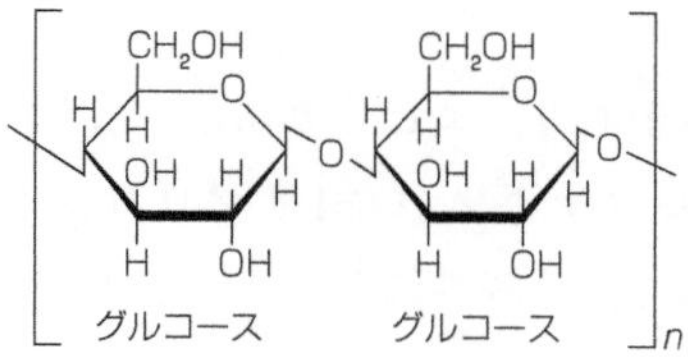

図7.10　**セルロースの構造**

7.6.2　複合多糖類

　複合多糖類にはグルコマンナン，寒天，カラギーナンなどがある.

　グルコマンナンは，β-D-マンノースとβ-D-グルコースがおよそ3:2の比率[*6]でβ-1,4 グリコシド結合した主鎖に，β-1,3 結合またはβ-1,6 結合で分枝した構造からなる多糖である. アルカリ条件で加熱することでゲル化し，こんにゃくになる（図7.11）.

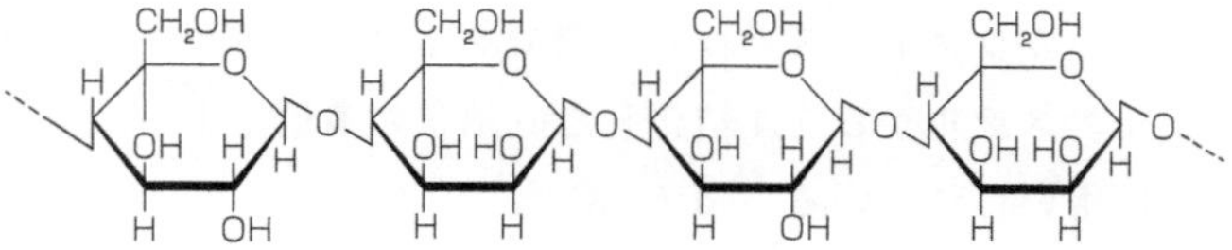

図7.11　**グルコマンナンの構造**

　寒天は紅藻類のテングサから抽出されるもので，アガロース（β-D-ガラクトースと3,6-アンヒドロ-α-L-ガラクトースを主とする構造）とアガロペクチン（アガロースに硫酸基，ピルビン酸が部分的に結合した構造）を主成分とする多糖である（図7.12）. 水には不溶であるが，加熱により可溶化し，冷却によりゲル化する.

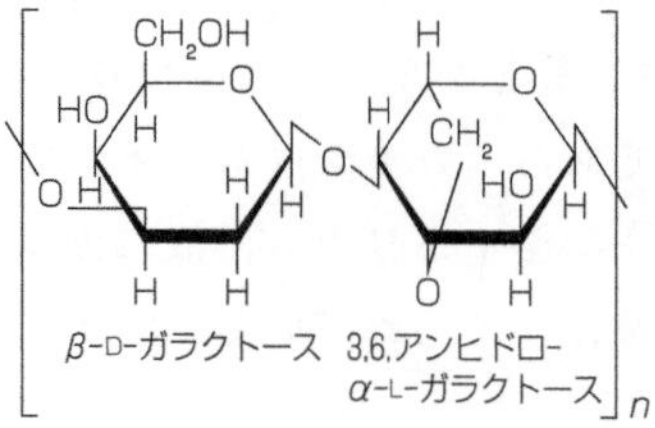

図7.12　**アガロースの構造**

　カラギーナンは紅藻類のスギノリから抽出されるもので，β-D-ガラクトースとアンヒドロ-α-L-ガラクトースの重合体である. 耐凍性のあるゲルを生成し，保水性や乳化安定性を示す多糖である.

＊6　末端の残基ではおよそ1:2である.

99

7.6.3　ムコ多糖

　ムコ多糖にはキチンがあり，エビ，カニといった甲殻類の殻の主成分である．N-アセチルグルコサミンがβ-1,4 グリコシド結合した多糖で，キチンはヒトの消化酵素では分解されない（図7.13）．

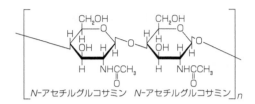

図 7.13　**キチンの構造**

7.6.4　ポリウロニド

　ポリウロニドにはペクチン，アルギン酸がある．

　ペクチンは，ガラクトースのウロン酸であるガラクツロン酸とガラクツロン酸メチルエステルがα-1,4 結合した直鎖状の多糖である．ジャムなどをつくるのに用いられている（図7.14）．

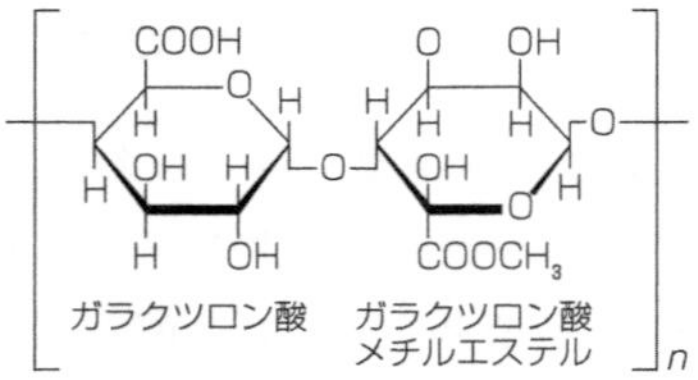

図 7.14　**ペクチンの構造**

　アルギン酸は昆布やワカメといった褐藻類に含まれ，マンノースのウロン酸である D-マンヌロン酸とグルコースのウロン酸である L-グルロン酸がβ-1,4 結合した多糖である．カルシウムイオンでゲル化するので，この性質を利用して，アルギン酸ナトリウム溶液にカルシウム塩を加え，人工いくらなどのコピー食品がつくられている（図7.15）．

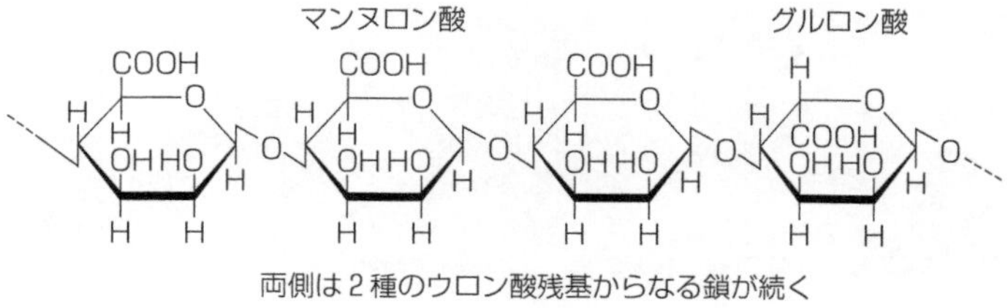
マンヌロン酸
グルロン酸
COOH
COOH
COOH
COOH
OH HO
OH HO
OH HO
OH HO
両側は2種のウロン酸残基からなる鎖が続く

図 7.15　アルギン酸の構造

7.7 配糖体

糖のグリコシド性ヒドロキシ基と糖以外の分子（アグリコン）が脱水結合した構造体を配糖体という．配糖体は植物性の食品にわずかに含まれ，色素，味，香り，毒性成分などとして存在する．多くの配糖体は，酸素原子を介した結合，すなわち *O*-グリコシド結合をとる．

O-グリコシドの配糖体の例には，夏みかんに含まれるナリンギン，じゃがいもの芽に含まれるアルカロイド配糖体のソラニン，梅の仁にある青酸配糖体のアミグリンがある．

また，炭素，硫黄，窒素原子を介した結合の配糖体もあり，*C*-，*S*-，*N*-グリコシド結合にそれぞれ分類される．*C*-グリコシドにはベニバナ色素のカルタミン，*S*-グリコシドには辛子のシニグリン，*N*-グリコシドにはヌクレオシドがある．

復習問題

1．糖質と食物繊維について説明しなさい．
2．グルコースの環状構造を書き，アノマーについて説明しなさい．
3．スクロース，マルトース，ラクトースを構成する単糖と結合様式を書きなさい．
4．デンプンを構成する成分について説明しなさい．
5．配糖体について説明しなさい．

8章

脂　質

予習動画
のサイト

8章をタップ！

■ 8.1　脂質と脂肪酸

　脂質とは，一般に水に溶けず，ヘキサン，クロロホルム，エーテルなどの有機溶媒に溶ける物質の総称である．温度による性状の違いで脂と油に分けられ，常温で固体のもの（例：牛脂）を脂，液体のもの（例：大豆油）を油という．両方を合わせて油脂という．脂質は，① 単純脂質といわれるグリセロールと脂肪酸のエステル結合からなるもの，② 複合脂質といわれるリン酸や糖質，窒素化合物を含むもの，③ 誘導脂質に分類される．

　油脂の温度による性状の違いには，脂肪酸の組成が大きく影響している．脂肪酸は，炭化水素が連なった脂肪族炭化水素の末端にカルボキシ基が結合した化合物である．

8.1.1　単純脂質

　単純脂質とは，脂肪酸のカルボキシ基とアルコールのヒドロキシ基がエステル結合した物質の総称である．アルコールの一種であるグリセロール（三つのヒドロキシ基をもつ）と三つの**脂肪酸**がエステル結合したものを**トリアシルグリセロール**という（図 8.1）．エステル結合する脂肪酸が二つの場合を**ジアシルグリセロール**，一つの場合を**モノアシルグリセロール**という．また，ステロールやビタミンとのエステル化合物や，高級脂肪酸と高級アルコール（炭素数が多い脂肪酸）からなる「ろう」も単純脂質に含まれる．

```
        CH₂O－OCR¹
        |
R²CO－OCH
        |
        CH₂O－OCR³
```
トリアシルグリセロール

```
        CH₂O－OCR¹          CH₂O－OCR¹
        |                   |
R²CO－OCH                    CHOH
        |                   |
        CH₂OH               CH₂O－OCR²
```
1,2-ジアシルグリセロール　　　1,3-ジアシルグリセロール

```
        CH₂O－OCR¹          CH₂OH
        |                   |
        CHOH                CHO－OCR¹
        |                   |
        CH₂OH               CH₂OH
```
1-モノアシルグリセロール　　　2-モノアシルグリセロール

図8.1　油脂の基本構造

8.1.2　複合脂質

　複合脂質は，グリセロールと脂肪酸からなる単純脂質に，さらにリン酸や糖が結合したものであり，**リン脂質**と**糖脂質**がある．

　リン脂質は，細胞で細胞膜を構成する重要な成分である．アシルグリセロールを含む**グリセロリン脂質**と，スフィンゴシン（セラミド）を含む**スフィンゴリン脂質**がある．グリセロリン脂質は図 8.2 に示したような構造で，ホスファチジルコリンとホスファチジルエタノールアミンが含まれ，動植物の全リン脂質の大半を占めている．脂肪酸の部分は疎水性であるが，リン酸と塩基の部分は親水性であるため**両親媒性**を示す．ホスファチジルコリンである大豆や卵黄に含まれるレシチン（図8.3）は，アイスクリームなどの乳化剤や安定剤として広く使用されている．スフィンゴリン脂質にはスフィンゴミエリン（図8.4）があり，動物の神経細胞の軸索に構成成分として含まれている．

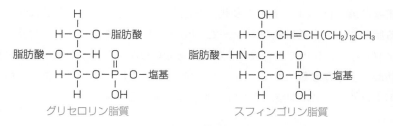

グリセロリン脂質　　　　　　　スフィンゴリン脂質

図8.2　複合脂質の基本構造

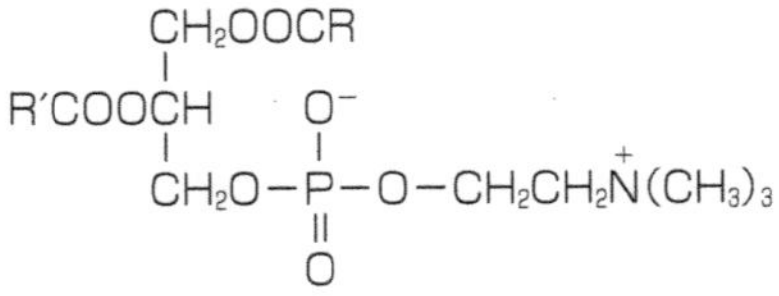

$$
\begin{array}{l}
\text{CH}_2\text{OOCR} \\
\quad | \\
\text{R}'\text{COOCH} \qquad\quad \text{O}^- \\
\quad\quad | \qquad\qquad | \\
\quad\quad \text{CH}_2\text{O}-\text{P}-\text{O}-\text{CH}_2\text{CH}_2\overset{+}{\text{N}}(\text{CH}_3)_3 \\
\qquad\qquad\quad || \\
\qquad\qquad\quad \text{O}
\end{array}
$$

図 8.3　グリセロリン脂質の例（レシチン）

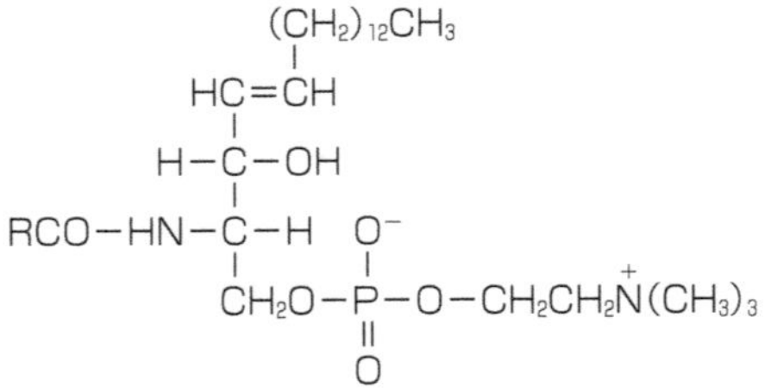

$$
\begin{array}{l}
\qquad\qquad (\text{CH}_2)_{12}\text{CH}_3 \\
\qquad\qquad\quad | \\
\qquad\quad \text{HC}=\text{CH} \\
\qquad\qquad | \\
\qquad\quad \text{H}-\text{C}-\text{OH} \\
\qquad\qquad\quad | \\
\text{RCO}-\text{HN}-\text{C}-\text{H} \qquad \text{O}^- \\
\qquad\qquad\quad | \qquad\qquad | \\
\qquad\qquad\quad \text{CH}_2\text{O}-\text{P}-\text{O}-\text{CH}_2\text{CH}_2\overset{+}{\text{N}}(\text{CH}_3)_3 \\
\qquad\qquad\qquad\qquad || \\
\qquad\qquad\qquad\qquad \text{O}
\end{array}
$$

図 8.4　スフィンゴリン脂質の例（スフィンゴミエリン）

　糖脂質には，アシルグリセリドやアルキルグリセリドに単糖やオリゴ糖などの糖鎖が結合した**グリセロ糖脂質**と，セラミドに同じく糖鎖が結合した**スフィンゴ糖脂質**がある．

8.1.3　誘導脂質

　誘導脂質には，単純脂質や複合脂質の加水分解により生じる脂肪酸，ステロール，炭化水素，ビタミンなどの物質がある．

8.2　脂肪酸の分類

　脂肪酸は，炭化水素の末端にカルボキシ基が結合した化合物である．炭化水素部に二重結合をもつものを**不飽和脂肪酸**，もたないものを**飽和脂肪酸**という．また不飽和脂肪酸では，二重結合を1本もつものを**一価不飽和脂肪酸**，2本以上もつものを**多価不飽和脂肪酸**という．炭化水素の炭素数が2から6前後までのものを**短鎖脂肪酸**，8から12前後までのものを**中鎖脂肪酸**，14以上のものを**長鎖脂肪酸**と呼ぶ場合もある．食品に含まれる脂肪酸の炭素数は偶数で14〜22のものが多い．また，ヒトが食品から摂取しないと体内で生合成できない，あるいは少量しか生合成できない脂肪酸を**必須脂肪酸**といい，リノール酸，α-リノレン酸，アラキドン酸，エイコサペンタエン酸，ドコサヘキサエン酸などがある[*1]．

*1　狭義にはリノール酸とα-リノレン酸が必須脂肪酸とされる．

8.3 脂肪酸の命名法

脂肪酸の命名法は，その炭化水素の鎖長，二重結合の数と位置などから，IUPAC（International Union of Pure and Applied Chemistry，国際純正応用化学連合）により制定されている．ただし，**慣用名**といわれる，特定の学問分野ごとで用いられている化合物の名称もある．

脂肪酸を表示するのに，構成する炭素数と二重結合の数によって表すことがある．炭素数が 18 の飽和脂肪酸を $C_{18:0}$（ステアリン酸），不飽和脂肪酸で二重結合を 1 本含むものを $C_{18:1}$，二重結合を 2 本含むものを $C_{18:2}$ と表す．

また，脂肪酸分子のどの位置に二重結合があるかを示すのに n-3 系や n-6 系と表す場合がある[*2]．これは，不飽和脂肪酸のメチル基側から数え，何番めの炭素に初めの二重結合があるかを示すものである．同様に ω（オメガ）が用いられることもあり，n-3 は ω3，n-6 は ω6 と同じ位置関係を表している．これは，ω がギリシャ文字の最後の文字であり，メチル基の反対側にあるカルボキシ基から数えて最後の炭素（＝メチル基：最も離れている炭素）から何番めの炭素に二重結合があるかを示している．

また不飽和脂肪酸では，図 8.5 に示すように，二重結合が複数含まれるとき 1,4-ペンタジエン構造[*3] をとる．そのため，最初（1 本め）の二重結合の位置がわかれば，次（2 本め）の二重結合は 3 個離れた炭素原子に存在する．

*2 n- はエヌマイナスと読む．

*3

1,4-ペンタジエン構造

カルボキシ基側から数えた炭素の順番

```
18  17  16  15  14  13  12  11  10  9   8   7   6   5   4   3   2   1
CH₃–C–C–C–C–C–C–C–C–C–C–C–C–C–C–C–C–COOH
n-1 n-2 n-3 n-4 n-5 n-6 n-7 n-8 n-9
ω1   ω2  ω3  ω4  ω5  ω6  ω7  ω8  ω9
```

カルボキシ基側から最も離れた（最後の）炭素を ω1 とする：二重結合の位置

メチル基側から数えた炭素の順番
n-1……と表示：二重結合の位置

C_{18} の脂肪酸	不飽和結合数	メチル基から番号をつけて，最初の二重結合の位置	不飽和度，二重結合の位置の表示	カルボキシ基を元にした二重結合の位置
ステアリン酸	18 : 0	—	—	—
オレイン酸	18 : 1	n-9	$C_{18:1}$ n-9	10 9 -C=C-
リノール酸	18 : 2	n-6	$C_{18:2}$ n-6	13 12 10 9 -C=C-, -C=C-
α-リノレン酸	18 : 3	n-3	$C_{18:3}$ n-3	16 15 13 12 10 9 -C=C-, -C=C-, -C=C-
γ-リノレン酸	18 : 3	n-6	$C_{18:3}$ n-6	13 12 10 9 7 6 -C=C-, -C=C-, -C=C-

図 8.5 脂肪酸の表示の考え方と表示例

池田清和，柴田克己編，『食べ物と健康 1（第 3 版）』，化学同人（2016），p.85 を元に作成．

不飽和脂肪酸で二重結合の位置を示す方法に Δ（デルタ）を用いるものもある．これは，脂肪酸のカルボキシ基の炭素から数えて，何番めの炭素原子に二重結合があるかを示している．たとえば Δ^9 は，カルボキシ基の炭素を1番めとして，9番めの炭素に二重結合があることを意味する．

脂肪酸は炭化水素の末端にカルボキシ基が結合した構造であるため，IUPAC 名に基づいて命名する場合，その炭化水素数を意味する炭素鎖（系統名）に，酸を意味する acid をつける．たとえば炭素数が18の飽和脂肪酸を考えると，その飽和炭化水素はオクタデカン（octadecane）で，このカルボン酸はオクタデカン酸（octadecanoic acid）（慣用名はステアリン酸）となる．このオクタデカン酸のカルボキシ基側から9番めと10番めの炭素原子の間の結合のみが二重結合である不飽和脂肪酸を 9-octadecenoic acid（慣用名はオレイン酸）という．さらに，カルボキシ基から9番めと12番めの炭素に二重結合を2本もっているときは 9,12-octadecadienoic acid（慣用名はリノール酸）と表すことができる[*4]．

これらをさらに簡単に示すのに，炭素数，二重結合数，二重結合の位置（メチル基から数えて）から，ステアリン酸を $C_{18:0}$，オレイン酸を $C_{18:1\,n-9}$，リノール酸を $C_{18:2\,n-6}$ とする場合もある．リノール酸では，2本の二重結合の位置を示して $\Delta^{9,12}$-リノール酸や $C_{18:2}\Delta^{9,12}$ とすることもある（図8.5参照）．

■ 8.4　不飽和脂肪酸の特徴

脂肪酸は，炭化水素が多く（長く）なるに従って疎水性が大きくなり，水に溶けなくなる．また，二重結合があることで，シス-トランスの幾何異性体を考える必要がある．天然に存在する不飽和脂肪酸は，一部の例外を除いてシス型である[*5]．

図8.6に示すように，シス型であるオレイン酸にさらに1本の二重結合が導入されたリノール酸では，不飽和脂肪酸の分子長は短くなる．一方，二重結合がトランス型のエライジン酸は，飽和脂肪酸であるステアリン酸の分子長とほとんど変わらない．このように，脂肪酸の分子内の二重結合の存在が脂肪酸の分子長に影響する．

また不飽和脂肪酸には，二重結合の位置が異なる異性体が存在する．たとえば，$C_{20:1}$ のガドレイン酸ではメチル基から9番めの炭素に二重結合があり，ゴンドレイン酸では11番めの炭素にある．$C_{22:1}$ で示されるエルカ酸では13番めの炭素に，セトレイン酸では11番めの炭素に二重結合があり，両者は二重結合の位置が異なる．

[*4] 不飽和脂肪酸では，二重結合をはさんでシス-トランス異性体が存在する．そのためオレイン酸とリノール酸では，二重結合がシス型であることを示すため，*cis-* または *c-* を二重結合の番号に付して表す場合がある．

[*5] 天然に存在する脂肪酸は，通常，シス型である．しかし，不飽和脂肪酸の二重結合を水素付加により飽和することで，油脂の融点や粘度を調整できる．この水素添加の際に，シス型のものが一部，トランス型に転換する．これがトランス脂肪酸といわれるものである．トランス脂肪酸による健康への懸念から，諸外国では食品成分表示にその含有量が示されるようになっている．

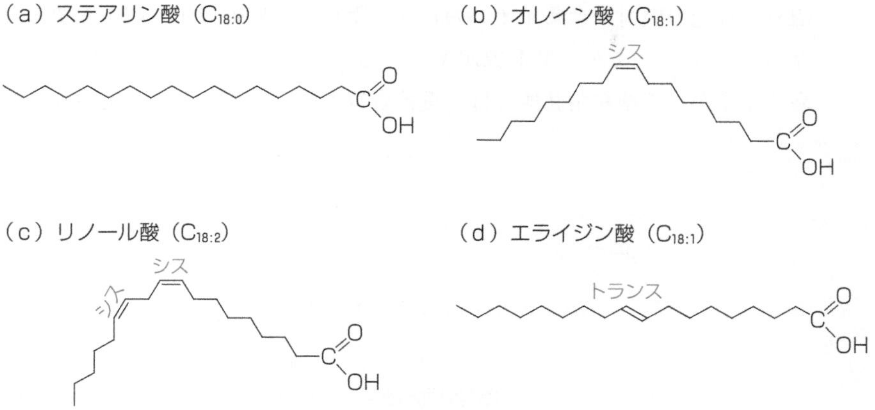

（a）ステアリン酸（$C_{18:0}$）

（b）オレイン酸（$C_{18:1}$）

シス

（c）リノール酸（$C_{18:2}$）

シス
シス

（d）エライジン酸（$C_{18:1}$）

トランス

図8.6　炭素数18の脂肪酸の構造

　脂肪酸のカルボキシ基はアルカリ金属（Na）と反応してセッケンをつくる．また，とくに不飽和脂肪酸の二重結合は付加反応を受けやすく，ヨウ素との反応で油脂に含まれる二重結合数を決めるときに利用されるヨウ素価[*6]がよく知られている．脂肪酸のカルボキシ基同士で水素結合を形成すると，水に対する溶解性が低くなる．

　不飽和脂肪酸で二重結合を2本以上含む多価不飽和脂肪酸では，1,4-ペンタジエン構造の反応性を考慮する必要がある．1,4-ペンタジエン構造の二重結合にはさまれたメチレン基は活性メチレン基といわれ，高温，紫外

[*6]　油脂100 gに付加するヨウ素のグラム数．この値が大きい油脂ほど，分子内に多くの二重結合が存在する．

Column

「食用」油脂と「研究用」脂肪酸

　私たちが日頃とっている食事に油は欠かせない．朝食でオムレツをつくるときにはフライパンに油を引き，トーストにはバターを塗っている．間食にポテトチップス，クリームたっぷりのケーキ，夕食では天ぷら，唐揚げ，コロッケなどの揚げ物を食べている．これらの食事で油脂がなければ，おそらく「味気ない」と思うだろう．

　調理や加工に用いられる油脂は，日常，入手しやすい値段でスーパーマーケットで購入できる．一方，本章に出てくる，たとえば $n-3$ 系脂肪酸のイコサペンタエン酸やドコサヘキサエン酸は魚類に多く含まれており，ヒトの体内ではこれらを合成できない．安価な魚からでも摂取できる必須脂肪酸である．しかし，これらの多価不飽和脂肪酸は空気中の酸素や光で酸化されやすいので，研究に使用する精製したものは，不活性ガスを封入したアンプルで冷凍して保存される．食用油は，家庭用に1 L容器などで流通している（ごま油は高価であるが）のに対し，研究用の二重結合が多いものやトランス脂肪酸となると100 mgで数万円以上になる場合もある．何気なく食べている食品中の脂肪酸の値段についても，調べてみると興味深い．

線や可視光の照射，金属イオンの存在で脂肪酸の自動酸化を起こす要因となる（図8.7）．また，炭素数が多くなるに従い，飽和脂肪酸では融点が高くなるが，不飽和脂肪酸では二重結合数が多くなる（不飽和度が高くな

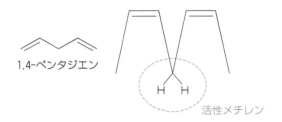

1,4-ペンタジエン　　　　　　　　　　　　活性メチレン

図8.7　不飽和脂肪酸中の活性メチレン
1,4-ペンタジエン構造のように，2本の二重結合にはさまれたメチレン.

表8.1　食品中に存在する飽和および不飽和脂肪酸

	慣用名	略号	融点（℃）	おもな所在
飽和脂肪酸	酪酸（ブタン酸）butyric acid	$C_{4:0}$	−5.3	バター
	ヘキサン酸　n-hexanoic acid	$C_{6:0}$	−3.2	バター，やし油，パーム油
	オクタン酸　n-octanoic acid	$C_{8:0}$	16.5	バター，やし油，パーム油
	デカン酸　n-decanoic acid	$C_{10:0}$	31.6	バター，やし油，パーム油
	ラウリン酸　n-lauric acid	$C_{12:0}$	44.8	やし油，パーム油
	ミリスチン酸　myristic acid	$C_{14:0}$	54.4	やし油，パーム油
	パルミチン酸　palmitic acid	$C_{16:0}$	62.9	動植物の脂質
	ステアリン酸　stearic acid	$C_{18:0}$	70.1	動植物の脂質
	イコサエン酸　icosanoic acid	$C_{20:0}$	76.1	落花生油
	ベヘン酸　behenic acid（n-docosanoic acid）	$C_{22:0}$	80.0	落花生油，なたね油
	リグノセリン酸　lignoceric acid（n-teracosanoic acid）	$C_{24:0}$	84.2	落花生油，脳脂質
	セロチン酸　cerotic acid（n-hexacosanoic acid）	$C_{26:0}$	87.8	植物や昆虫のろう
不飽和脂肪酸	一価不飽和脂肪酸　monoenoic acid			
	ミリストレイン酸　myristoleic acid	$C_{14:1\,n-5}$	−4.0	バター
	パルミトレイン酸　palmitoleic acid	$C_{16:1\,n-7}$	−0.5	バター
	オレイン酸　oleic acid	$C_{18:1\,n-9}$	13.4	一般動植物脂質
	エルカ酸　erucic acid	$C_{22:1\,n-9}$	34.7	なたね油，からし油
	多価不飽和脂肪酸　dienoic acid			
	リノール酸　linoleic acid	$C_{18:2\,n-6}$	−8.0	植物油
	α-リノレン酸　α-linolenic acid	$C_{18:3\,n-3}$	−11.0	アマニ油，大豆油
	γ-リノレン酸　γ-linolenic acid	$C_{18:3\,n-6}$	−	月見草油
	アラキドン酸　arachidonic acid	$C_{20:4\,n-6}$	−49.5	一般動物脂質
	イコサペンタエン酸　icosapentaenoic acid	$C_{20:5\,n-3}$	−54.4	魚油
	ドコサヘキサエン酸　docosahexaenoic acid	$C_{22:6\,n-3}$	−44.5	魚油

池田清和，柴田克己編，『食べ物と健康1（第3版）』，化学同人（2016），p.85-86 および大鶴勝編，『食品学・食品機能学』，朝倉書店（2007），p.39-40 を元に作成.

る）に従い，融点が低下する（表 8.1）．たとえば，炭素数 26 のセロチン酸（$C_{26:0}$）の融点が 87.8℃ であるのに対して，ドコサヘキサエン酸（$C_{26:6}$）では −44.5℃ である．

復習問題

1．脂質に関して正しい記述はどれか．二つ選びなさい．
   a．油脂の温度による性状には脂肪酸の組成が影響する．
   b．リン脂質のリン酸基部は疎水性である．
   c．常温で固体のものを脂，液体のものを油といい，両者を合わせて油脂という．
   d．複合脂質は，脂肪酸とアルコールがエーテル結合したものをいう．
   e．レシチンはスフィンゴリン脂質である．

2．脂肪酸に関して正しい記述はどれか．二つ選びなさい．
   a．天然に存在する脂肪酸は，ほとんどがトランス型である．
   b．$n-3$ 系不飽和脂肪酸の 3 とは，カルボキシ基側の炭素から数えて，最初の二重結合が 3 番めにあるという位置を表している．
   c．$C_{18:2}$ と表された脂肪酸は，炭素数が 18，二重結合が 2 本含まれる脂肪酸を意味する．
   d．必須脂肪酸とは，ヒトが体内で生合成できない飽和脂肪酸である．
   e．飽和脂肪酸は，分子量が大きくなるほど融点が高くなる．

3．脂肪酸に関して正しい記述はどれか．二つ選びなさい．
   a．不飽和脂肪酸で二重結合が 1,4-ペンタジエン構造をとるとき，その脂肪酸は酸化を受けやすい．
   b．Δ^9 は，不飽和脂肪酸でメチル基から数えて 9 番めの炭素に二重結合があることを示す．
   c．二重結合が多いほど，不飽和脂肪酸の融点は低くなる．
   d．必須脂肪酸は，すべて飽和脂肪酸である．
   e．ヨウ素価は，脂肪酸の分子量を反映する値である．

4．脂質に関して正しい記述はどれか．二つ選びなさい．
   a．複合脂質には，単純脂質や複合脂質の加水分解により生じた脂肪酸，ステロールなども含まれる．
   b．グリセロールは 3 価のアルコールである．
   c．脂肪酸の炭化水素部が長くなるほど，親水性が高くなる．
   d．必須脂肪酸といわれる脂肪酸は，すべて $n-3$ 系脂肪酸である．
   e．トランス酸は，不飽和脂肪酸に水素を添加するときに生じる．

5．ステアリン酸，オレイン酸，リノール酸の構造的特徴を述べなさい．

9章

アミノ酸とタンパク質

予習動画
のサイト

9章をタップ！

9.1 アミノ酸

　アミノ酸は，アミノ基（$-NH_2$）とカルボキシ基（$-COOH$）の両方を
もつ化合物の総称である．自然界で発見されているアミノ酸は約 500 種類
あるといわれ，私たちの体の約 2 割はアミノ酸からできている．アミノ酸
は，タンパク質を構成するアミノ酸と構成しないアミノ酸に大別できる．
タンパク質を構成するアミノ酸（標準アミノ酸）[*1] は，通常 20 種類である．
ヒトでは 20 種類のアミノ酸のうち，11 種類を体内で十分な量，生合成で
きる（表 9.1）．残りの 9 種類は体内で十分に，あるいはまったく生合成
できないことから，食事によって摂取しなくてはならない．これらは必須

表 9.1　ヒトのタンパク質を構成するアミノ酸

生合成できるアミノ酸			食事から摂取することが必須のアミノ酸		
アミノ酸名	3 文字略号	1 文字略号	アミノ酸名	3 文字略号	1 文字略号
グリシン（glycine）	Gly	G	バリン（valine）	Val	V
アラニン（alanine）	Ala	A	ロイシン（leucine）	Leu	L
セリン（serine）	Ser	S	イソロイシン（isoleucine）	Ile	I
システイン（cysteine）	Cys	C	リシン（lysine）	Lys	K
チロシン（tyrosine）	Tyr	Y	メチオニン（methionine）	Met	M
アスパラギン酸（aspartic acid）	Asp	D	フェニルアラニン（phenylalanine）	Phe	F
グルタミン酸（glutamic acid）	Glu	E	トレオニン（threonine）	Thr	T
アスパラギン（asparagine）	Asn	N	トリプトファン（tryptophan）	Trp	W
グルタミン（glutamine）	Gln	Q	ヒスチジン（histidine）	His	H
プロリン（proline）	Pro	P			
アルギニン（arginine）	Arg	R			

アミノ酸と呼ばれる．タンパク質を構成しないアミノ酸には，筋肉中に存在する β-アラニンやクレアチン，尿素回路の中間体であるオルニチンやシトルリン，神経伝達物質である γ-アミノ酪酸（GABA），お茶のうま味成分であるテアニン，海人草の薬用成分であるカイニン酸，テングダケなどの毒性成分であるイボテン酸などがある．

■ 9.2 アミノ酸の構造

アミノ酸は分子内にアミノ基（$-NH_2$）とカルボキシ基（$-COOH$）の両方をもつ．カルボキシ基の横の炭素から順に α 位，β 位，γ 位，δ 位，ε 位の炭素（C_α, C_β, C_γ, C_δ, C_ε あるいは α 炭素，β 炭素，γ 炭素，δ 炭素，ε 炭素）と名づけられる（図9.1）．アミノ基が付加されている炭素によって，α-アミノ酸，β-アミノ酸，γ-アミノ酸と呼ばれる．タンパク質を構成する20種類のアミノ酸のうち，プロリンを除くアミノ酸が α-アミノ酸である（表9.2）．プロリンが α-アミノ酸ではない理由は，C_α に結合するアミノ基が二級アミン[*2]となり，環状構造の一部に含まれるためである．α-アミノ酸の構造を見てみると，C_α にアミノ基，カルボキシ基，水素および側鎖（$-R$）が付加した構造をしている（図9.1）．側鎖の構造が変わることで，紫外光を吸収する，蛍光を発する，酸性を示す，疎水性を示す

*1　現在までに，20種類の標準アミノ酸に加え，2種類のアミノ酸が mRNA にコードされ，限られたタンパク質に含まれることが明らかになっている．その2種類とはセレノシステイン（Sec, U）とピロリシン（Pyl, O）である．セレノシステインは真核生物，古細菌，細菌で幅広く存在し，ピロリシンはきわめて限られた古細菌，細菌のみに存在する．

> システインと似た構造で，硫黄原子がセレンに置き換わった構造

$$HSe-H_2C \quad OH$$
$$CH-C$$
$$H_2N \quad O$$

セレノシステイン

> リシンと似た構造で，側鎖の末端にピロリン環が付加している

ピロリシン

*2　アンモニアの水素原子2個が炭化水素を含む基に置き換わった化合物．6.2.7項（1）を参照．

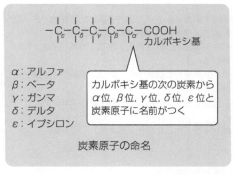

炭素原子の命名

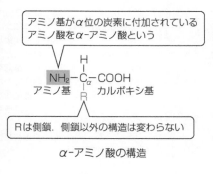

α-アミノ酸の構造

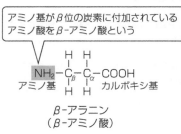

β-アラニン
（β-アミノ酸）

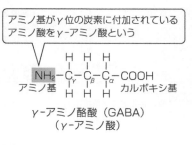

γ-アミノ酪酸（GABA）
（γ-アミノ酸）

図9.1　アミノ酸の構造

表9.2　アミノ酸の構造式と特徴

名称	略号	構造式（側鎖を赤色で示す）	特徴
グリシン (glycine)	Gly	H–CH–COOH / NH₂	側鎖が H のため，光学異性をもたない
アラニン (alanine)	Ala	CH₃–CH–COOH / NH₂	側鎖がアルキル基で，非極性（疎水性）を示す脂肪族アミノ酸
バリン (valine)	Val	CH₃–CH–CH–COOH / CH₃ NH₂	側鎖がアルキル基で，非極性（疎水性）を示す脂肪族アミノ酸．側鎖が枝分かれした分岐鎖アミノ酸（BCAA）
ロイシン (leucine)	Leu	CH₃–CH–CH₂–CH–COOH / CH₃ NH₂	側鎖がアルキル基で，非極性（疎水性）を示す脂肪族アミノ酸．側鎖が枝分かれした分岐鎖アミノ酸（BCAA）
イソロイシン (isoleucine)	Ile	CH₃–CH₂–CH–CH–COOH / CH₃ NH₂	側鎖がアルキル基で，非極性（疎水性）を示す脂肪族アミノ酸．側鎖が枝分かれした分岐鎖アミノ酸（BCAA）
セリン (serine)	Ser	CH₂–CH–COOH / OH NH₂	側鎖にヒドロキシ基（−OH）をもち，極性（親水性）を示す
トレオニン (threonine)	Thr	CH₃–CH–CH–COOH / OH NH₂	側鎖にヒドロキシ基（−OH）をもち，極性（親水性）を示す
システイン (cysteine)	Cys	CH₂–CH–COOH / SH NH₂	側鎖に硫黄原子を含む含硫アミノ酸．チオール基（−SH）をもち，極性（親水性）を示す．システイン同士で側鎖を介してジスルフィド結合（S−S 結合）を形成する
メチオニン (methionine)	Met	CH₃S–CH₂CH₂–CH–COOH / NH₂	側鎖に硫黄原子を含む含硫アミノ酸で，非極性（疎水性）の脂肪族アミノ酸．タンパク質生合成の開始コドンに対応する
プロリン (proline)	Pro	CH₂–CH–COOH / CH₂ NH / CH₂	アミノ基が第二級アミンで，環系に含まれているため，α-アミノ酸とはいえない
フェニルアラニン (phenylalanine)	Phe	⬡–CH₂–CH–COOH / NH₂	アラニンの水素1個がフェニル基と置換した芳香族アミノ酸で，側鎖が非極性（疎水性）．吸収極大波長は 257 nm
チロシン (tyrosine)	Tyr	HO–⬡–CH₂–CH–COOH / NH₂	フェニルアラニンの水素1個がヒドロキシ基と置換した芳香族アミノ酸で，側鎖が極性（親水性）のアミノ酸．吸収極大波長は 275 nm
トリプトファン (tryptophan)	Trp	（インドール環）–CH₂–CH–COOH / NH₂	アラニンの水素1個がインドール環と置換した芳香族アミノ酸で，側鎖が非極性（疎水性）．吸収極大波長は 278 nm
アスパラギン酸 (aspartic acid)	Asp	HOOC–CH₂–CH–COOH / NH₂	側鎖にカルボキシ基をもつ酸性アミノ酸で，側鎖がイオン化して負電荷を帯びる
グルタミン酸 (glutamic acid)	Glu	HOOC–CH₂CH–CH–COOH / NH₂	側鎖にカルボキシ基をもつ酸性アミノ酸で，側鎖がイオン化して負電荷を帯びる
アスパラギン (asparagine)	Asn	O / ‖ / H₂N–C–CH₂–CH–COOH / NH₂	アスパラギン酸がアミド化した極性（親水性）アミノ酸
グルタミン (glutamine)	Gln	O / ‖ / H₂N–C–CH₂CH–CH–COOH / NH₂	グルタミン酸がアミド化した極性（親水性）アミノ酸
リシン (lysine)	Lys	CH₂CH₂CH₂–CH–COOH / NH₂ NH₂	側鎖にアミノ基をもつ塩基性アミノ酸で，側鎖がイオン化して正電荷を帯びる
アルギニン (arginine)	Arg	H₂N / C–NH–CH₂CH₂CH₂–CH–COOH / HN NH₂	側鎖にグアニジル基をもつ塩基性アミノ酸で，側鎖がイオン化して正電荷を帯びる
ヒスチジン (histidine)	His	CH=C–CH₂–CH–COOH / N NH NH₂ / CH	側鎖にイミダゾール基をもつ塩基性アミノ酸で，側鎖がイオン化して正電荷を帯びる

赤色の名称および略号で示したアミノ酸は必須アミノ酸である．

など，さまざまな異なる性質を示すようになる．

9.3　アミノ酸の鏡像異性体

　タンパク質を構成するアミノ酸の C_α が四つの異なる置換基をもつとき，**鏡像異性体**[*3] が存在する（図 9.2）．鏡像異性体とは，互いに重ね合わせることができない鏡像の関係にある対掌体である．このような分子を**キラル分子**という．キラル分子には必ず**不斉炭素原子**（四つの異なる置換基をもつ炭素）があり，その炭素原子を**キラル中心**という．タンパク質を構成するアミノ酸の C_α には基本的にアミノ基，水素，カルボキシ基，側鎖が付加しており，側鎖が水素であるグリシンを除くアミノ酸には鏡像異性体が存在する．α-アミノ酸ではないプロリンにも鏡像異性体は存在する．これらの鏡像異性体のうち一方を **L-アミノ酸**といい，他方を **D-アミノ酸**という．グリシンを除く，タンパク質を構成するアミノ酸はすべて L 体[*4]である．L 体と D 体は同じ構造式で表されるが，立体的には異なる分子である．そのため，生体内では別の分子として認識されることが多い．

*3　鏡像異性体は光学活性をもつ．光学異性をもつ分子同士を光学異性体と呼び，光学異性体と鏡像異性体は同じといえる．立体化学的に分類すると鏡像異性体となり，光学活性で分類すると光学異性体となる．後に IUPAC は鏡像異性体の使用を推奨している．光学活性とは光を回転させる性質をいう．詳しくは 6 章および 13 章を参照．

*4　グリシンを除く，タンパク質を構成するアミノ酸は L 体である．D 体は天然に存在しており，生物学的にもさまざまな活性をもつことが知られている．天然の糖は D 体のみである．

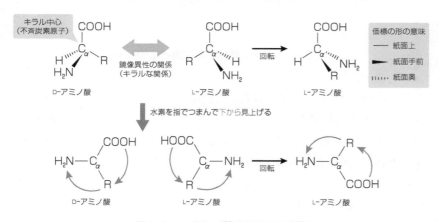

図 9.2　L-アミノ酸と D-アミノ酸

D-アミノ酸と L-アミノ酸は回転させても立体的には重ならない．アミノ酸の D/L 異性体の表記は，水素原子が奥側になるように見たときに，COOH，R，NH_2 の順番が時計回りの場合は D-アミノ酸，反時計回りの場合は L-アミノ酸となる（CORN ルール）．

9.4　ペプチド結合とタンパク質

　アミノ酸とアミノ酸は，アミノ基とカルボキシ基を介して脱水縮合によりペプチド結合を形成し，ペプチドとなることができる（図 9.3）．一方で，ペプチド結合は加水分解により切断される．ペプチド結合とは，タンパク質やペプチドなどにおいて**アミノ酸残基**[*5]間を結ぶ**アミド結合**[*6]である．ペプチド結合は単結合と二重結合が瞬時に入れ換わる**共鳴構造**をとる（図

*5　ペプチドやタンパク質中のアミノ酸は，アミノ基の水素とカルボキシ基のヒドロキシ基が脱離しており，完全なアミノ酸の構造ではない．そのため，アミノ基の水素やカルボキシ基のヒドロキシ基が外れて残った基という意味で，アミノ酸残基と呼ぶ．たとえば，アラニンがタンパク質やペプチド中に存在するとき，アラニン残基と呼ぶ．

*6
アミド結合

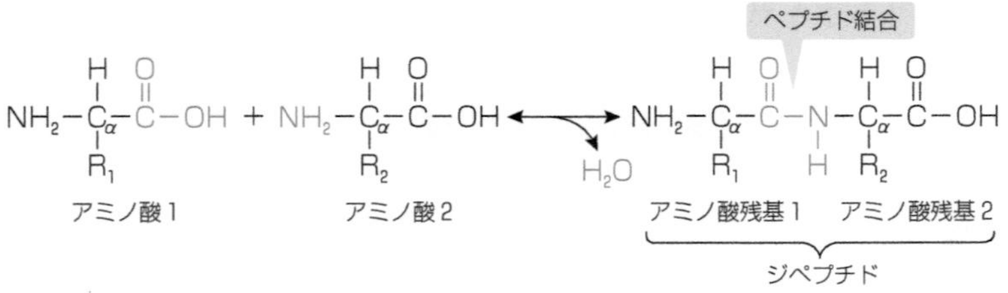

図9.3　ペプチド結合

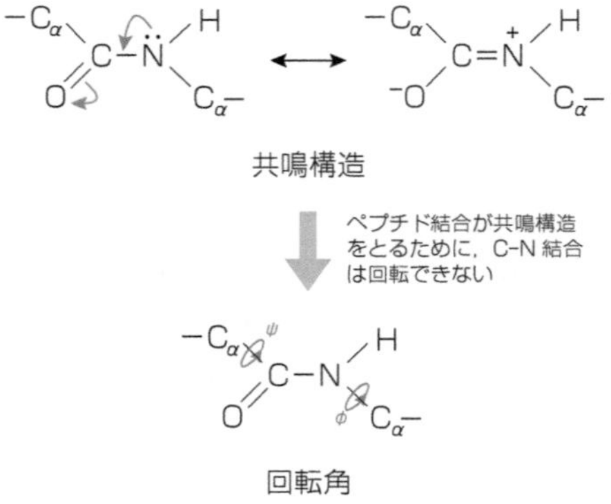

図9.4　ペプチド結合の共鳴構造と回転角

*7　アルケンの性質を思い
出すこと．6.1.3項を参照．

*8　ψはプサイ，ϕはファ
イと読む．

9.4）．そのために C−N 結合は自由に回転できず[*7]，ポリペプチド鎖の立体的な自由度は制限を受ける．ポリペプチド鎖は，C_α−C 結合の回転角（ψ）と N−C_α 結合の回転角（ϕ）[*8] によって立体的な自由度が保たれ，タンパク質の柔軟性が生み出される．

　ペプチド結合でアミノ酸がつながると（図9.5），ペプチド鎖の両端には α-アミノ基および α-カルボキシ基が存在することになる．これらの各端をアミノ末端（N 末端）およびカルボキシ末端（C 末端）と呼ぶ．ペプチド鎖は α-アミノ基由来の窒素，α 炭素，α-カルボキシ基由来の炭素（−NH−C_α−CO−）の繰返しとなる．この繰返し部分をペプチド鎖の幹にあたることから主鎖と呼び，主鎖から枝分かれした部分を側鎖と呼ぶ．アミノ酸が二つつながったペプチドをジペプチド，三つつながったペプチドをトリペプチドという．ペプチド鎖の長さによってオリゴペプチドとポリペプチドに分類されるが，その区別は曖昧である．一般的にアミノ酸が10残基以下のものをオリゴペプチド，より多くのアミノ酸が重合するとポリペプチドということが多い．ポリペプチドが特定の立体構造を形成したとき，タンパク質と呼ぶ．

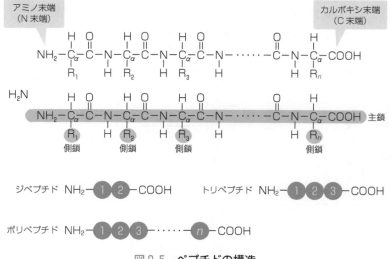

図9.5 ペプチドの構造

9.5 ジスルフィド結合

ジスルフィド（S−S）結合とは，二つのチオール基（−SH）[*9] が酸化されて形成される結合である（図9.6）．ジスルフィド結合は還元されるとチオール基にもどる．ジスルフィド結合をもつ低分子には，酸化型グルタチオン，シスチン，リポ酸などがある．タンパク質内では，システイン残基同士がS−S結合を形成し，シスチン残基となる．S−S結合は側鎖間で形成される唯一の共有結合で，タンパク質の立体構造の保持に重要な役割を担う．タンパク質分子内で形成される分子内S−S結合と，分子間で形成される分子間S−S結合がある（図9.7）．タンパク質の分析でジスルフィド結合を切断するときには，2-メルカプトエタノールやジチオレイトール[*10] などの還元剤が用いられる．

9.6 タンパク質の構造

9.6.1 一次構造と高次構造

さまざまなアミノ酸がペプチド結合の繰返しでつながると，ペプチドには配列と順序（アミノ酸配列）が生じる（図9.5）．また，ペプチド鎖中のシステイン残基間ではしばしばS−S結合が形成され，架橋構造をつくっている．これらのアミノ酸残基[*11] の結合順序，S−S結合の結合位置を含めた一次元的な化学構造をタンパク質の一次構造という．

タンパク質を構成するペプチド鎖は，空間的配置をもつ高次構造を形成

[*9] チオール基は，スルフ
ァニル基，水硫基，スルフヒ
ドリル基，メルカプト基と呼
ばれることもある．チオール
基をもつ有機化合物は，チオ
ール，メルカプタン類と呼ば
れ，硫黄臭がする．

[*10] 　SH
　　　CH₂CH₂OH
2-メルカプトエタノール

H OH
HS-CH₂-C-C-CH₂-SH
HO H
ジチオレイトール

[*11] タンパク質の一次構造
は遺伝子が規定している．
DNAからmRNAに転写され，
タンパク質に翻訳される際，
タンパク質合成の一番最初の
アミノ酸は開始コドン由来の
メチオニンである．その後，
さまざまなプロセシングを経
て，成熟タンパク質となる．
N末端に開始コドン由来のメ
チオニンが残っていることも
ある．

115

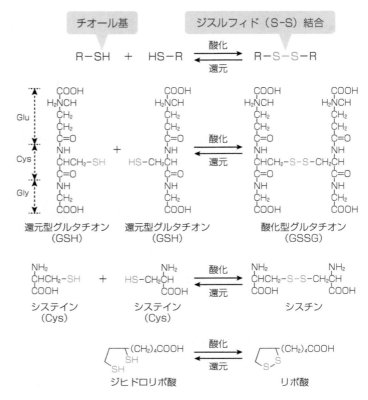

図9.6 ジスルフィド結合

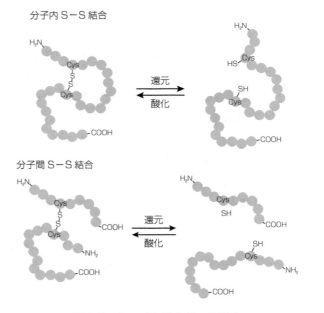

図9.7 タンパク質のS−S結合

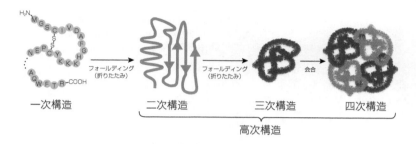

高次構造

図 9.8　**タンパク質の高次構造**

する（フォールディング）．高次構造とは，一次構造に対して，ポリペプチド鎖が折りたたまれて形成された立体構造である**二次構造**，**三次構造**，**四次構造**をいう（図 9.8）．高次構造の形成は一次構造のみに従って自発的に起こると考えられていたが，細胞内ではフォールディングを助けるタンパク質（シャペロン）が働くことがあるとわかっている．

9.6.2　二次構造

　二次構造とは，ペプチド主鎖上のカルボニル（$-CO-$）の酸素原子とイミド（$-NH-$）の水素原子の間の水素結合によって形成される特殊な立体構造である（図 9.9）．最もよく見られるのは α ヘリックスと β 構造（β シート構造）である．また，規則的な構造をとっていない状態をまとめて**不規則構造**（ランダム構造）という．

　α ヘリックスや β 構造などの二次構造が，複数個組み合わさってできる構造のうち，頻繁に観測される典型的な構造を**超二次構造**（構造モチーフ）という．たとえば，二つの α ヘリックスが短いペプチド鎖でつながったヘリックス・ターン・ヘリックスのような構造である．

（1）α ヘリックス

　アミノ酸 3.6 残基ごとに 1 回転するらせん構造を α ヘリックス[*12] という．α ヘリックスは，主鎖上のカルボニルの酸素原子とイミドの水素原子がすべて水素結合を形成するので，エネルギー的に安定な構造である．構造上，右巻きらせんと左巻きらせんの 2 種類が考えられるが，右巻きらせんのほうがエネルギー的に少し安定なために，天然のタンパク質では右巻きらせんのみが見られる．

（2）β 構造（β シート構造）

　主鎖間で水素結合をとることで形成されたシート状のものを **β 構造**[*13] という．2 本以上のポリペプチド鎖がほとんど伸びきった形で平行に並ぶ．

*12　α ケラチン群に対する X 線回折像の研究から α ヘリックスと呼ばれる．アミノ酸のうち Glu, Met, Ala, Leu は α ヘリックスを形成しやすく，Tyr, Asn, Pro, Gly は壊す傾向がある．

*13　β ケラチンである絹タンパク質フィブロインに対する X 線回折像の研究から β 構造と呼ばれる．アミノ酸のうち，β 炭素で分岐しているアミノ酸の Val, Ile, Thr, および芳香族アミノ酸の Phe, Tyr, Trp で形成されやすく，側鎖に電荷をもつ Asp, Glu, Lys に加えて Asn, Pro などで形成されにくい．

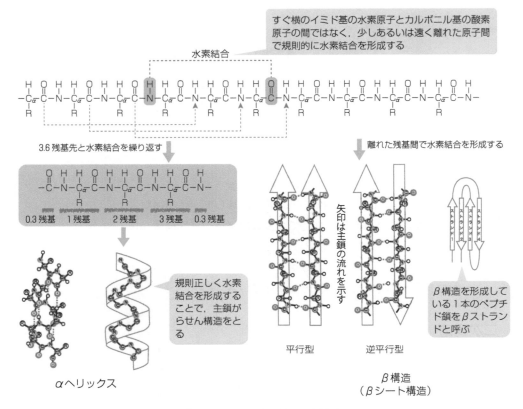

すぐ横のイミド基の水素原子とカルボニル基の酸素原子の間ではなく，少しあるいは遠く離れた原子間で規則的に水素結合を形成する

水素結合

3.6残基先と水素結合を繰り返す

離れた残基間で水素結合を形成する

0.3残基　1残基　2残基　3残基　0.3残基

規則正しく水素結合を形成することで，主鎖がらせん構造をとる

矢印は主鎖の流れを示す

平行型　　逆平行型

β構造を形成している1本のペプチド鎖をβストランドと呼ぶ

αヘリックス

β構造
（βシート構造）

図9.9　タンパク質の二次構造

隣り合うペプチド鎖の向きが互いに同じものを平行型，逆のものを逆平行型と呼ぶ．エネルギー的には逆平行型のほうが安定である．β構造を構成する1本のペプチド鎖をβストランドという．ストランド上の側鎖は，シートに垂直方向に伸び，隣り合わせのアミノ酸残基で交互に反対方向へと伸びる．

9.6.3　三次構造

　三次構造とは，タンパク質を構成する1本のポリペプチド鎖がとる立体構造で，二次構造が不規則構造を介して，さらに折りたたまれる構造をいう．三次構造は，側鎖間および主鎖-側鎖間の水素結合，イオン結合，疎水性相互作用，S−S結合などで形成されるが，疎水性相互作用が最も大きく影響する（図9.10）．このため，物理化学的な力を使って疎水性相互作用を失わせると三次構造は壊れ，二次構造が保持されていてもタンパク質は変性する．三次構造を形成したタンパク質内で，特定の構造や機能を

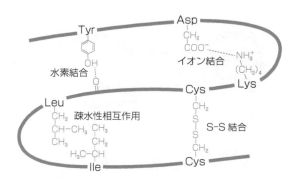

図 9.10 タンパク質の三次構造を形成する力

もち，ほかと区別できる領域を**ドメイン**と呼ぶ．

9.6.4 四次構造

　複数のポリペプチド鎖が非共有結合（疎水性相互作用，水素結合，イオン結合）で会合し，特定の空間的配置をとった構造を**四次構造**という（図9.11）．四次構造を構成する各ポリペプチド鎖は**サブユニット**と呼ばれる．サブユニットが二つのときを**二量体**，三つのときを**三量体**，四つのときを**四量体**という．このように**多量体**を形成することで，① 限られた遺伝情報で巨大な構造をつくる，② サブユニット間の相互作用を介して活性を調節する，③ 複雑な反応を効率的に実施する，④ 転写翻訳の誤りを減らすなどの利点がある．

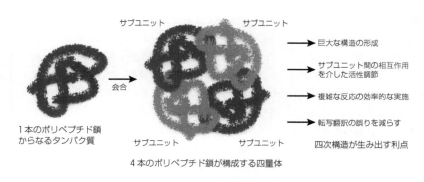

図 9.11 タンパク質の四次構造

9.6.5 タンパク質の変性と分解

　生体内でタンパク質は固有の天然状態の立体構造に折りたたまれ（フォールディング），さまざまな固有の機能を発揮する（図 9.12）．天然状態

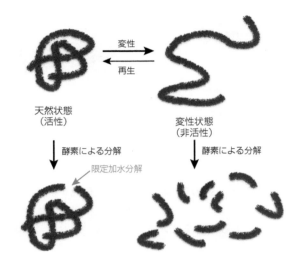

図 9.12　タンパク質の変性と分解

Column

タンパク質を変性させる方法

　私たちが生モノを食べるということは，天然状態のタンパク質を摂取することにつながる．咀嚼などの物理的な力や胃液などの化学的な力は，天然状態のタンパク質を変性させ，消化酵素（タンパク質分解酵素）を働かせて，タンパク質を分解し，分解産物を小腸で吸収しやすくする．しかしながら，咀嚼や胃液などの機能だけでは十分な変性状態をつくり出せないため，生モノから摂取したタンパク質は消化酵素による加水分解を受けにくく，吸収もされにくい．

　そこで，私たちは食材を調理・加工して，タンパク質をより変性させることで，加水分解を受けやすい状態にしている．つまり，調理や加工は消化・吸収を助けるという役割を担っており，効率的な栄養に大切な操作であるといえる．たとえば，『ロッキー』という映画で筋肉増強のために生卵をごくごく

と飲むシーンがあるが，そのような行為は消化に悪く，アミノ酸の摂取においても非効率である（アメリカの食文化で生卵を食べるという習慣はないので，生卵を食べてまで強くなりたいという決意を，映画では表しているらしい）．卵から効率よくアミノ酸を摂取するためには加熱調理をしたほうがよい．このように，栄養学あるいは食品科学の分野ではタンパク質を変性させることが肯定的な意味合いをもつ．

　一方で，天然状態にあるタンパク質の機能を調べることを目的とする生命科学や生化学の分野では，タンパク質を変性させることは否定的な意味合いをもつため，タンパク質をいかに変性させないように扱うかということに細心の注意が払われる．立場が変われば視点も変わる．自分が何を目的に，どういう立場で研究に携わっているのかを考えることは，とても大切である．

にあるタンパク質は，熱，撹拌，酸，アルカリ，変性剤などによる物理化
学的な力を受けることで，一次構造を変化させずに高次構造のみが破壊さ
れる．これをタンパク質の変性という．変性状態になると，天然状態にあ
るときのタンパク質の機能は失われる．これを失活という．変性状態のタ
ンパク質が凝集することで疾病につながることもある．変性状態にあるタ
ンパク質は，変性要因を取り除くことで，天然状態に再生（リフォールデ
ィング）することもある．

　ペプチド鎖は適当な化学反応[*14]を施されると，短いペプチド鎖やアミ
ノ酸に加水分解される（図9.3）．天然状態にあるタンパク質は立体構造
を保持しており，変性状態のタンパク質よりもタンパク質分解酵素（プロ
テアーゼ）による加水分解を受けにくい．また，タンパク質分解酵素の濃
度によっては，特定のペプチド結合のみが選択的に切断されること（限定
加水分解）がある（図9.12）．生体内の限定加水分解は，機能発現や制御
に重要な役割を担う．一方，変性状態にあるタンパク質は，タンパク質分
解酵素による加水分解を受けやすく，その酵素の種類にもよるが，短いペ

*14　タンパク質分解酵素に
よる反応や塩酸中での加熱に
よって加水分解される．

Column

窒素を含む化合物の代謝

　三大栄養素（エネルギー産生栄養素）であるタン
パク質，脂質，炭水化物のうち，分子内に必ず窒素
をもつ分子はタンパク質のみである．このため，タ
ンパク質の代謝には窒素の排泄システムが重要にな
る．ヒトでは，アミノ酸が代謝される過程で生じた
毒性の高いアンモニア（NH_3）が，尿素回路でL-シ
トルリン，アルギニノコハク酸，アルギニンを経て，
無毒な尿素に変換され，尿として排泄される．窒素
の排泄方法は動物種によって異なる．海の動物は，
毒性が高いアンモニアを水中に排泄し，大量の水で
希釈することで毒性を弱めることができる．陸の動
物は水の供給が限られるため，毒性の高いアンモニ
アのまま置くことができず，尿素あるいは尿酸に置
き換えて排泄する．トカゲや鳥などの水分の補給が
ままならない動物は，固体のまま放出できる尿酸を
利用している．鳥のフンに当たると痒くなるのは，

尿酸が酸性だからである．
　核酸（DNAやRNA）の構成成分であるヌクレ
オチドも分子内に窒素をもつ化合物である．ヌクレ
オチドは，プリンヌクレオチドとピリミジンヌクレ
オチドに分けられる．ヒトにおいてプリンヌクレオ
チドは，尿酸を経て尿素として排泄される．血中尿
酸値が高くなると，血液に溶けきらずに尿酸が結晶
化して関節に溜まる，いわゆる痛風となる．高分子
核酸（DNA，RNA），ヌクレオチド，ヌクレオシド，
プリン塩基を総じてプリン体と呼ぶ．プリン体は，
ほとんどの食品や一部のアルコール飲料に含まれる，
うま味成分である．また，とても効率のよいエネル
ギー源でもあるが，取り過ぎには注意が必要である．
ピリミジンヌクレオチドは尿酸を経ることなく，尿
素として排泄される．

プチド鎖，アミノ酸へと分解される．調理や加工により変性した食品中の
タンパク質は，消化酵素による加水分解を受けやすくなり，結果的に吸収
されやすくなる．栄養学的には，タンパク質を変性させることは重要な操
作の一つである．しかし，生化学のようにタンパク質の生体内での機能を
調べる際には，機能を失活させないためにタンパク質を変性させないこと
が大切になる．立場が異なれば物質の扱い方も変わる．

■ 9.7 アミノ酸とタンパク質の等電点

9.7.1 アミノ酸の等電点

アミノ酸を側鎖の化学的性質で分類すると，中性アミノ酸，酸性アミノ
酸，塩基性アミノ酸に分けられる（表 9.3）．さらに中性アミノ酸は非極
性アミノ酸と極性アミノ酸に分けられる．いずれのアミノ酸も，溶液の
pH（水素イオン濃度）に依存してイオン形態を変える（図 9.13）．アミ
ノ酸の溶液中に水素イオンが多くなると（低 pH，酸性状態），アミノ酸
は水素イオンを結合する傾向となり，水素イオンが少なくなると（高 pH，

表 9.3 アミノ酸の pK_a と pI

性質による分類		アミノ酸	pK_{a1}（−COOH）	pK_{a2}（−NH$_3^+$）	pK_{a3}（−R）	pI
中性	非極性	グリシン	2.34	9.60		5.97
		アラニン	2.34	9.69		6.02
		バリン	2.32	9.62		5.97
		ロイシン	2.36	9.60		5.98
		イソロイシン	2.36	9.60		5.98
		メチオニン	2.28	9.21		6.53
		フェニルアラニン	1.83	9.13		5.75
		トリプトファン	2.83	9.39		5.48
		プロリン	2.17	10.60		6.11
	極性	セリン	2.21	9.15		5.68
		アスパラギン	2.02	8.80		5.41
		グルタミン	1.99	9.13		5.65
		トレオニン	2.63	10.43		6.30
		システイン	1.71	10.78	8.33	5.02
		チロシン	2.20	9.11	10.07	5.66
酸性		アスパラギン酸	2.09	9.82	3.86	2.98
		グルタミン酸	2.19	9.67	4.25	3.22
塩基性		ヒスチジン	1.82	9.17	6.00	7.59
		リシン	2.18	8.95	10.79	9.87
		アルギニン	2.17	9.04	12.48	10.76

■ の pK_a 値の平均値が pI 値となる．

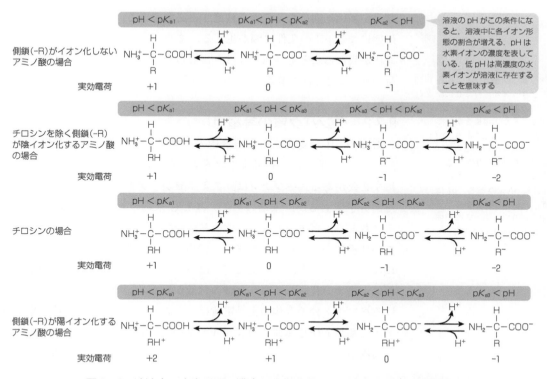

図 9.13 **溶液中の水素イオン濃度の変化に伴うアミノ酸のイオン形態変化**

アルカリ状態），解離する傾向となる．ある pH の環境下にアミノ酸が存在するとき，アミノ酸のカルボキシ基は共役塩基[15]（−COO⁻）へ，アミノ基は共役酸（−NH₃⁺）へ変わる．つまり，アミノ酸は酸あるいは塩基のいずれとしても振る舞うことができる．分子内で同時に同数の正電荷と負電荷をもったとき，見かけ上は中性となる（**実効電荷**[16]が 0 となる）ようなイオンを**両性イオン**（双性イオン）と呼ぶ．ある pH におけるイオン化の有無は，各アミノ酸特有の**酸解離定数の対数値**（pK_a[17]）に依存する（表 9.3）．アミノ酸の pK_a にはカルボキシ基の pK_a（pK_{a1}）とアミノ基の pK_a（pK_{a2}）がある．さらに極性アミノ酸の一部（システインとチロシン），酸性アミノ酸，塩基性アミノ酸は側鎖もイオン化することから，側鎖の pK_a（pK_{a3}）も考慮する必要がある．これらのことから，溶液の pH に依存したアミノ酸のイオン形態の変化を分類すると，① 側鎖がイオン化しないアミノ酸の場合，② チロシンを除く側鎖が陰イオン化する場合，③ チロシンの場合，④ 側鎖が陽イオン化する場合に分けられる．実際の溶液中には多数のアミノ酸が存在し，ある pH 条件で，そのイオン形態の

*15 ある酸が水素イオンを放出した残りのイオンを，その酸の共役塩基といい，ある塩基に水素イオンが結合してできた酸を，その塩基の共役酸という．

*16 両性イオンにおける実効電荷は，分子内の正と負の電荷数の差（電荷の値の合計）である．たとえば，ある pH で分子内に陽イオンとなった基を五つ，陰イオンとなった基を三つもつ場合，実効電荷は +2 となる．実効電荷は pH によって変化する．

*17 酸解離定数（K_a）は，酸の強度を示す指標の一つである．HA $\rightleftarrows$ H⁺ + A⁻ の K_a は
$K_a = [H^+][A^-]/[HA]$
で表される．詳しくは 4.3 節を参照．

割合が多い傾向になることを注意する必要がある．そのため，あるイオン形態になる pH の条件に幅が生じる．また，アミノ酸によって実効電荷の変化が異なることも注意しなければならない．溶液中のアミノ酸の実効電荷が 0 となる pH を等電点（p*I*）という[18]（表9.3）．

9.7.2　タンパク質の等電点

　溶液の pH が変化すると溶液中のペプチドの実効電荷も変化する（図9.14）．ペプチドの実効電荷を理解するためには，ペプチドの構造を思い出す必要がある．ペプチドは，アミノ酸がペプチド結合によってつながった高分子である．N 末端のアミノ基と C 末端のカルボキシ基を除いたアミノ基とカルボキシ基は，ペプチド結合の形成に利用され，イオン化されない状態になっている．つまり，pH による影響で電荷が変化しない構造になっている．また，一次配列の違いによって，ペプチド中に含まれる，側鎖がイオン化されるアミノ酸の個数が異なる．そのため，ある pH におけるペプチド分子全体の実効電荷は，その pH における各側鎖，N 末端のアミノ基および C 末端のカルボキシ基の電荷の値の総和となる．

　高次構造をとったタンパク質の場合，そのタンパク質の p*I* 付近におい

*18　アミノ酸が p*I* に存在するとき，実効電荷は 0 になる．このとき，溶解度は最小になる．また，電場をかけても移動しない状態である．p*I* は，実効電荷が 0 になる範囲を示す pK_a の平均値として計算できる．たとえば pK_{a1} ＜ pH ＜ pK_{a2} のとき，p*I* は $(pK_{a1} + pK_{a2})/2$ となる．実効電荷が 0 になる pH の範囲については図 9.13 を参照．

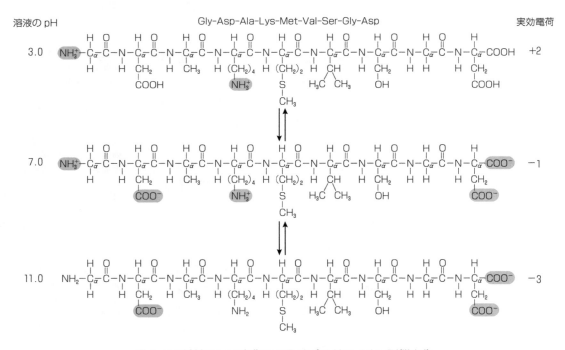

図 9.14　溶液の pH 変化によるペプチドのイオン形態変化

表9.4 **おもなタンパク質の等電点**

タンパク質名	等電点（pI）	おもな特徴
グリシニン	4.8〜6.3	大豆タンパク質．豆腐の形成に関わる
β-コングリシニン	4.8〜6.9	大豆タンパク質．豆腐の形成に関わる
グリアジン	6.5	小麦タンパク質．パン生地のグルテン形成に関わる
グルテニン	6.8〜7.0	小麦タンパク質．パン生地のグルテン形成に関わる
カゼイン	4.6	牛乳タンパク質．チーズやヨーグルトの形成に関わる
オボアルブミン	4.5〜4.8	卵白タンパク質．卵白を構成する主要なタンパク質（60〜65% を占める）
オボムコイド	4.1	卵白タンパク質．卵白タンパク質で最もアレルゲン活性が強い
リゾチーム	11.1〜11.4	卵白タンパク質．真正細菌の細胞壁を構成する多糖類を加水分解する酵素
アビジン	10.0	卵白タンパク質．ビオチンと結合し，腸管からのビオチン吸収を阻害する

て溶解度が最小となり，沈殿することがある．これを**等電点沈殿**[*19] という．高次構造をとったタンパク質における等電点は，溶液に露出した酸性アミノ酸残基と塩基性アミノ酸残基の側鎖[*20] の数と種類，N 末端のアミノ基および C 末端のカルボキシ基，溶媒の pH などに依存する．おもなタンパク質の等電点を表9.4 に示す．

9.8 タンパク質の種類と分類

タンパク質は，形状，構成成分，機能，摂取源などの基準で分類される．形状による分類では繊維状タンパク質と球状タンパク質に分けられる．繊維状タンパク質は細長く，球では近似できない形状のタンパク質である．ケラチン，エラスチン，フィブロン，コラーゲンなど，水に溶けにくく，生体内で骨格構造を形成することが多い．球状タンパク質は繊維状タンパク質に含まれない一般のタンパク質で，球体とはかなり異なった形状のタンパク質も含まれる．

構成成分による分類では，ポリペプチド鎖のみからできている単純タンパク質，ポリペプチド鎖以外の非タンパク質成分を含む複合タンパク質に分けられる．単純タンパク質は，溶解性やそのほかの性質の違いによってアルブミン，グロブリン，プロラミン，グルテリン，ヒストン，プロタミン，硬タンパク質（アルブミノイド）に分けられる（表9.5）．複合タン

*19 カッテージチーズ，ヨーグルト，グルコノデルタラクトンによる豆腐の加工は，等電点沈殿を利用した食品加工の代表例である．

*20 酸性アミノ酸，塩基性アミノ酸，極性アミノ酸は親水性の側鎖をもつために，タンパク質の表面に露出されやすい．一方，疎水性の側鎖はタンパク質の内部に包埋されやすい．

表 9.5　単純タンパク質の分類

分類	水	希酸	希アルカリ	希塩類	解説
アルブミン	可溶	可溶	可溶	可溶	動植物の細胞，体液中に含まれる可溶性タンパク質の総称．語源は卵白の「しろ」に由来．硫安 50% で塩析されず，より高濃度の硫安で沈殿する．ただし，植物性アルブミンには 50% 硫安で塩析されるものもある．単純タンパク質以外も見つかっている
グロブリン	不溶	可溶	可溶	可溶	可溶性タンパク質のうちで，硫安 50% 飽和で沈殿するタンパク質の総称．血漿タンパク質から凝固によりフィブリノーゲンを除き，さらにアルブミンを除いた塩析されやすいタンパク質の総称．水に不溶性の真性グロブリンと水に溶けやすい偽性グロブリンに分けられる
プロラミン	不溶	可溶	可溶	不溶	60〜90% のアルコールに溶けるが，90% 以上のエタノール，水，中性塩溶液には溶けないタンパク質の総称
グルテリン	不溶	可溶	可溶	不溶	50〜90% エタノールには溶けず，希アルカリ・希酸溶液に溶けるタンパク質の総称
ヒストン	可溶	可溶	希アンモニアに不溶	可溶	真核細胞の核内 DNA と結合した複合体（ヌクレオヒストン）として存在．構成アミノ酸にリシン，アルギニンが多い塩基性タンパク質．塩基性アミノ酸残基が多数含まれており，リン酸基をもつ DNA と結合しやすい
プロタミン	可溶	可溶	可溶	可溶	ある種の魚類や鳥類の成熟精子核に含まれている小さな強塩基性タンパク質の総称．構成アミノ酸にリシン，アルギニンが多く，DNA と結合しやすい
硬タンパク質	不溶	不溶	不溶	不溶	アルビミノイドともいう．一般に化学的・物理的作用，プロテアーゼ処理などにも高い抵抗性を示す

パク質は，非タンパク質成分の違いによって**糖タンパク質**，**リポタンパク質**，**リンタンパク質**，**金属タンパク質**，**ヘムタンパク質**，**フラビンタンパク質**，**核タンパク質**に分けられる（表 9.6）．

　機能による分類では，**酵素タンパク質**，**構造タンパク質**，**輸送タンパク質**，**貯蔵タンパク質**，**収縮タンパク質**，**防御タンパク質**，**調節タンパク質**，そのほかのタンパク質に分けられる（表 9.7）．

　摂取源による分類では，その由来から**動物性タンパク質**と植物性タンパク質に分けられる．

表9.6 **複合タンパク質の分類と非タンパク質成分**

分類	非タンパク質成分	代表的なタンパク質	構造的特徴
糖タンパク質	糖	オボアルブミン オボムコイド ヒト赤血球膜糖タンパク質 コラーゲン	N-アセチル-D-グルコサミンとアスパラギンの間の N-グリコシド結合で形成．N-アセチル-D-ガラクトサミンとセリンあるいはトレオニンの間の O-グリコシド結合で形成
リポタンパク質	脂質	血漿リポタンパク質 乳リポタンパク質 卵黄リポタンパク質	脂質とタンパク質の複合体．トリアシルグリセロール，コレステロールを含む球状粒子
リン酸化タンパク質	リン酸	カゼイン ホスビチン オボアルブミン	セリン，トレオニン，チロシン残基のヒドロキシ基がリン酸エステルを形成
金属タンパク質	金属	ニトロゲナーゼ アスコルビン酸オキシダーゼ アルコールデヒドロゲナーゼ トランスフェリン	重金属が直接にタンパク質と結合するタンパク質．広義ではヘムタンパク質を含む．内部の金属イオンがタンパク質の活性中心となることが多い．酵素活性をもつものを金属酵素という
ヘムタンパク質	ヘム	ヘモグロビン ミオグロビン ペルオキシダーゼ	ヘムは，タンパク質に共有結合している場合と非共有結合している場合がある．特有の吸収スペクトルと標準酸化還元電位を示す．酸素運搬，電子伝達，酸化還元に関係するタンパク質に分類される
フラビンタンパク質	フラビン	グルコースオキシダーゼ コハク酸デヒドロゲナーゼ サルコシンオキシダーゼ	リボフラビンの誘導体を補欠分子族としてもつ．フラビンモノヌクレオチド（FMN），フラビンアデニンジヌクレオチド（FAD）を補酵素とするフラビン酵素，フラビン結合性タンパク質がある
核タンパク質	核酸	クロマチン キャプシドタンパク質 タバコモザイクウイルス	核酸が DNA か RNA かによってデオキシリボ核タンパク質（DNP），リボ核タンパク質（RNP）に分類される

表9.7 **タンパク質の機能的分類**

分類	特徴
酵素タンパク質	化学反応を起こさせる触媒としての機能，細胞内外の情報を伝達する機能などをもつ
構造タンパク質	生体の構造を構築する
輸送タンパク質	物質を運搬する
貯蔵タンパク質	栄養を担うために使用される
収縮タンパク質	運動に関わる
防御タンパク質	免疫機能に関わる
調節タンパク質	遺伝子発現や他のタンパク質の機能を調節する
そのほか	上述に分類されないもの．たとえば，蛍光を発するタンパク質

█ **9.9　酵　素**

　酵素とは触媒活性をもつタンパク質の総称である．生命活動の営みに関連するほとんどの反応に，それぞれに応じた酵素が存在する．酵素はいくつかの驚くべき機能をもった触媒である．酵素に限らず触媒とは，自らは変化することなく，化学反応の効率を上げるものと定義される[*21]．触媒のなかでも巨大で柔軟性をもつ酵素は，① 反応速度を増大させる機能，② 高い基質特異性をもつことで副反応物をほとんど生じさせない機能，③ 可逆反応において正反応と逆反応の両方を触媒する機能，④ 反応で消費されず，通常は低濃度で存在する機能，⑤ 調節的な機構で反応を制御する機能などを示す．

　酵素の**基質特異性**は**鍵と鍵穴モデル**として提唱されている．それぞれの酵素には**活性部位**と呼ばれる特徴的で複雑な形状の基質結合部位（鍵穴）が存在する．ここに**基質**（鍵）が，触媒反応がうまく進行する向きに結合する（図9.15）．結合した基質に対して，活性部位に存在するいくつかのアミノ酸残基の側鎖が働きかけ，反応が触媒される（図9.16）．酵素のな

*21　12.11節を参照.

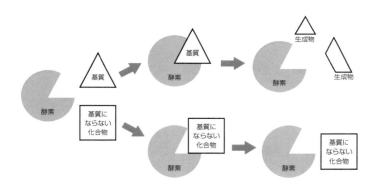

図 9.15　酵素と基質の関係（鍵と鍵穴モデル）

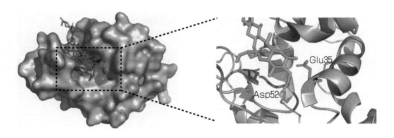

図 9.16　卵白リゾチームの基質結合部位と活性中心
左は N-アセチルグルコサミンヘキサマーがリゾチーム（PDB: 1SFB）の基質結合部位に結合した様子．赤い構造式が N-アセチルグルコサミンヘキサマー，赤い部分が活性中心を示す．右は基質結合部位を拡大し，活性中心である Glu35 と Asp52 を示す．

かには，活性部位のアミノ酸残基と基質の相互作用だけで触媒活性を発揮するものと，非タンパク質性の因子を必要とするものがある．非タンパク質性の因子は**補因子**と呼ばれる．補因子には，Mg^{2+}，Fe^{2+}，Zn^{2+}などの金属イオンや，ニコチンアミドジヌクレオチド（NAD），フラビンアデニンジヌクレオチド（FAD）のような有機化合物がある．補因子のうち，有機化合物であるものは**補酵素**と呼ばれる．活性に必須の補因子を含まない酵素を**アポ酵素**，補因子を含み，活性を保持する完全な酵素を**ホロ酵素**という（図9.17）．

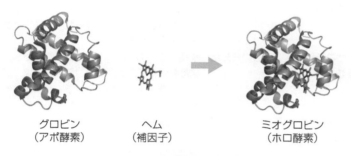

グロビン　　　　　ヘム　　　　　　　ミオグロビン
（アポ酵素）　　（補因子）　　　　（ホロ酵素）

図9.17　**アポ酵素とホロ酵素**
筋肉のタンパク質であるミオグロビン（PDB: 1MBN）．

　酵素は，触媒する反応の違いにより7種類に分類され（表9.8），系統名，推奨名，酵素番号で表される．**系統名**[22]は酵素反応をなるべく正確に表現できるもので，酵素の分類の基礎となり，これにより**酵素番号**が定められる．推奨名は系統名を簡略化した名称で，論文や教科書などでは，たいていは推奨名が用いられる．たとえば，脱炭酸反応によりリンゴ酸をピルビン酸に変換する酵素であるリンゴ酸デヒドロゲナーゼ（推奨名）は，L-リンゴ酸：NAD^+オキシドレダクターゼ（系統名）とも呼ばれる．酵素番号[23]は EC 1.1.1.1 のように EC（enzyme commission）に続く4組の数字で表現される．酵素番号の第1の数字は反応形式，第2，第3の数字は国際生化学連合（IUB）のルールによる細分類を表す．第4の数字は認定されることで与えられる番号である．

　酵素反応の詳細については11章（エネルギー）と12章（化学反応）を参照してほしい．

*22　混乱を避けるために国際生化学連合（IUB）が系統的な命名法を制定した．IUBは1991年に国際生化学・国際分子生物学連合（IUBMB）に改組された．

*23　新酵素の発見者は EC *x,y,z* の3組の数字を与えることができ，IUB に公認されると第4の数字が与えられる．

表 9.8　**酵素の分類**

酵素番号 1番め	酵素の分類	酵素番号 2番め	酵素番号 3番め	酵素の例と特徴
EC 1	オキシドレダクターゼ（酸化還元酵素）	供与体の形式	受容体の形式	分子内の原子の酸化状態が変化する反応．デヒドロゲナーゼ，レダクターゼ，オキシゲナーゼ，オキシダーゼ，ペルオキシダーゼなど
EC 2	トランスフェラーゼ（転移酵素）	移される官能基の種類	2番めの細分化	化合物のある官能基をほかの化合物に移す反応．トランスカルボキシラーゼ，トランスメチラーゼ，トランスアミナーゼなど
EC 3	ヒドラーゼ（加水分解酵素）	加水分解される結合の種類	基質の種類	基質上の C−O，C−N，O−P 結合などの加水分解反応．消化・分解，シグナル伝達に関わる酵素が多い．エステラーゼ，ホスファターゼ，ペプチダーゼなど
EC 4	リアーゼ（脱離酵素）	開裂される結合の種類	2番めの細分化	基質から H_2O，CO_2，NH_3 などを脱離し，二重結合を残す反応や，その逆反応を触媒．デカルボキシラーゼ，カルボキシラーゼ，ヒドラターゼ，デヒドラターゼ，アデニルシクラーゼなど
EC 5	イソメラーゼ（異性化酵素）	反応の種類	基質または転移部位の種類	分子内転移反応を触媒．エピメラーゼ，ラセマーゼ，シス-トランス異性化酵素，ムターゼ，分子内リアーゼ
EC 6	リガーゼ（連結酵素）	形成する結合様式の違い	反応様式の違い	二つの基質を連結する反応を触媒．ATP など高エネルギー化合物の加水分解に共役して触媒作用を発現．リガーゼ，シンターゼなど
EC 7	トランスロカラーゼ（輸送酵素）	輸送物質の種類	共役反応の種類	膜の内外にプロトン，無機イオン，アミノ酸，ペプチドなどの物質を輸送する際に，酸化還元反応やヌクレオシド三リン酸の加水分解などを共役する．トランスポーター，ATP アーゼなど．2018 年に認められた新しい分類

復習問題

1. タンパク質を構成するアミノ酸は何種類あるか．
2. 必須アミノ酸をすべて挙げなさい．また，その 3 文字略号と 1 文字略号も記しなさい．
3. α-アミノ酸の化学構造を記しなさい．ただし側鎖は R とする．また，グリシン，トリプトファン，メチオニン，グルタミン酸，アスパラギン，リシンの側鎖を記しなさい．
4. アミノ酸 1（側鎖が R1）とアミノ酸 2（側鎖が R2）を N 末端側にアミノ酸 1 がくるようにペプチド結合させなさい．
5. タンパク質の構造，一次構造，二次構造，三次構造，四次構造を説明しなさい．

6．タンパク質の変性と分解について説明しなさい．

7．塩基性アミノ酸の等電点について説明しなさい．

8．次の文章中の括弧に適当な語句を入れなさい．
　　酵素の活性の発現に必要となる非タンパク質性の因子を（ a ）という．
　　有機化合物である（ b ）や金属イオンが（ a ）として機能する．また，
　　（ a ）を含まない酵素を（ c ），（ a ）を含み，活性を保持する酵素を
　　（ d ）という．

9．アミノ酸の鏡像異性体について説明しなさい．

10章

そのほかの有機化合物

予習動画
のサイト

10章をタップ！

10.1 核 酸

核酸は，遺伝子の本体であるデオキシリボ核酸（DNA）と DNA から
タンパク質の生合成を橋渡しするリボ核酸（RNA）を指す．細胞の核に
含まれる酸性の物質として「核酸」と名づけられた．

　核酸は特徴的な構造の分子が繰り返して結合することで構成されており，
リン酸，五炭糖および塩基を同量含んでいる．五炭糖と塩基の1セットを
ヌクレオシド，それにリン酸が結合したものをヌクレオチドと呼ぶ．塩基
は全部で5種類あり，DNA にはアデニン（A），グアニン（G），シトシ
ン（C）およびチミン（T）が含まれ，RNA にはチミンの代わりにウラシ
ル（U）が含まれている（図 10.1）．また，五炭糖も DNA と RNA で少
し構造が異なっており，RNA がリボースであるのに対して，DNA は 2′
位ヒドロキシ（水酸）基が還元されているデオキシリボースである．塩基
は五炭糖の 1′ 位に *N*-グリコシド結合しており，リン酸基は 5′ 位にエス
テル結合している．さらにリン酸基は，別のヌクレオチドの 3′ 位に 3′,5′-
ホスホジエステル結合し，それが繰り返されてヌクレオチドが数珠つなぎ
となった一本鎖が形成される（図 10.2）．DNA や RNA の合成酵素がヌ
クレオチドの 3′ 位ヒドロキシ基に別のヌクレオチドをつなげていくことで，
ヌクレオチド鎖が形成されることから，ヌクレオチド鎖の 5′ 末端を先頭，
その反対側を 3′ 末端と便宜的に名づける．DNA はおもに二本鎖，RNA
はおもに一本鎖で存在するが，一本鎖 DNA や二本鎖 RNA をもつウイル
スも存在する[*1]．

　核酸の塩基には相補性があり，アデニンとチミンまたはウラシル，グア

＊1　RNA には，リボソー
ム RNA やトランスファー
RNA（図 10.4），マイクロ
RNA など，分子内で二本鎖
を形成して特殊な働きをする
ものが多い．

プリン塩基

アデニン
(6-アミノ-プリン)

グアニン
(2-アミノ-6-オキシ-プリン)

ピリミジン塩基

ウラシル
(2,4-ジオキシ-ピリミジン)

シトシン
(2-オキシ-4-アミン-ピリミジン)

チミン
(2,4-ジオキシ-5-メチル-ピリミジン)

図 10.1　ヌクレオチドの構造と 5 種類の塩基

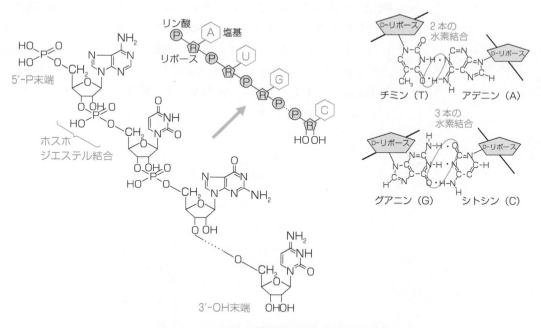

図 10.2　ヌクレオチド鎖の構造と塩基の相補性

ニンとシトシンが特異的に水素結合して**塩基対**を形成する[*2]．これにより DNA は安定した二本鎖構造を形成できる．また，塩基が相補性をもつことにより，片方のヌクレオチド鎖があれば，その塩基配列からもう片方（**相補鎖**）の配列も決まるという特性が生じる．すなわち，DNA の二本鎖をほどいてそれぞれを鋳型とし，相補性のある塩基をつなげていくことで，同じ配列の DNA が 2 組形成される．これを DNA の**複製**といい，細胞分裂および生物種の保存で遺伝情報を伝達するために重要な機構である．これは，鋳型となる DNA と合成された相補鎖が新しい二本鎖 DNA を形成するので**半保存的複製**という（図 10.3）．さらに，DNA を鋳型として RNA を合成することを**転写**といい[*3]，DNA の遺伝情報からタンパク質への変換を可能にする．ただしアデニンの塩基対には，DNA の複製ではチミンが使われるが，転写ではウラシルが使われる．

　塩基の相補性はタンパク質の合成でも重要な役割をもつ．タンパク質は 20 種のアミノ酸がつながった一本鎖（ポリペプチド鎖）からなるが，アミノ酸の並び方はタンパク質ごとに異なる．この並び方を決定するのが遺伝情報，すなわち DNA の塩基配列である．タンパク質の生合成では，DNA から転写された RNA にリボソームが結合し，RNA の塩基配列を鋳型にして**トランスファー RNA(tRNA)** がアミノ酸を運び，アミノ酸が順に結合することでポリペプチド鎖ができる．このとき，tRNA は mRNA 上の塩基配列三つを 1 セットとして認識し，この 1 セットを**コドン**という．64 種類あるコドンのうち[*4]，61 種がアミノ酸 20 種のいずれかに対応して

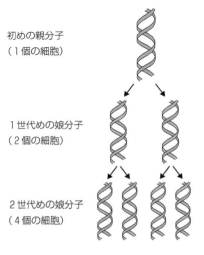

初めの親分子
（1 個の細胞）

1 世代めの娘分子
（2 個の細胞）

2 世代めの娘分子
（4 個の細胞）

図 10.3　**DNA の半保存的複製**

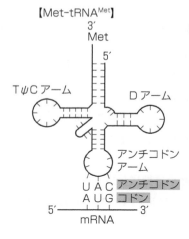

【Met-tRNA^Met】

5′側塩基	中央塩基				3′側塩基
	U	C	A	G	
U	Phe	Ser	Tyr	Cys	U
	Phe	Ser	Tyr	Cys	C
	Leu	Ser	終止	終止	A
	Leu	Ser	終止	Trp	G
C	Leu	Pro	His	Arg	U
	Leu	Pro	His	Arg	C
	Leu	Pro	Gln	Arg	A
	Leu	Pro	Gln	Arg	G
A	Ile	Thr	Asn	Ser	U
	Ile	Thr	Asn	Ser	C
	Ile	Thr	Lys	Arg	A
	Met*	Thr	Lys	Arg	G
G	Val	Ala	Asp	Gly	U
	Val	Ala	Asp	Gly	C
	Val	Ala	Glu	Gly	A
	Val	Ala	Glu	Gly	G

＊ AUG は Met（メチオニン）のコドンであると
同時にタンパク質合成の開始コドンでもある．

図 10.4　tRNA の働き（左）とコドンの遺伝暗号表（右）

おり，コドンに相補的なアンチコドンをもつトランスファー RNA によっ
てアミノ酸が選択的に運ばれてくる（図 10.4）.

　核酸は味とも関係する．熟成の過程で DNA や RNA が分解されてでき
るヌクレオチドにはうま味を感じさせるものがあるため，食品を熟成させ
るとうま味が増すといわれる．グアニル酸（グアノシン 5′—リン酸，5′-
GMP）は，しいたけなど，きのこ類のうま味成分であり，イノシン酸（イ
ノシン 5′—リン酸，5′-IMP）は肉や魚に多いうま味成分である（図 10.
5）.核酸由来成分であるので，食品添加物として用いられた場合，食品成
分表には核酸系調味料と書かれる．これらは，アミノ酸系のうま味成分で
あるグルタミン酸と組み合わせると，うま味を強く感じさせることから[5]，
しいたけまたはかつお節とグルタミン酸が豊富な昆布との合わせだしが広
く用いられる．

＊5　うま味成分を組み合わ
せると，うま味受容体の機能
が上がるため（味の相乗効
果）と考えられる．

図 10.5　核酸系うま味成分の例

■ 10.2　ビタミン

　炭水化物やタンパク質，脂質は私たちの生命活動において重要な栄養素であり，日常の食事から必要量を摂取しなければならない．そして，摂取したこれらを効率よく代謝して十分に利用するために必要な栄養素がビタミンである．ビタミン（vitamin）は「生命に必要な（vital）アミン（amine）」の造語である．ビタミンの必要量は微量であるため，通常の食生活で十分に摂取できるが，偏った食生活を続けると不足し，身体機能や代謝に異常が生じて欠乏症が現れる．

　ビタミンは，構造的な特徴から脂溶性と水溶性に分けられる（表 10.1）．脂溶性ビタミンにはビタミン A，D，E および K の 4 種類がある．これらは極性の官能基をほとんどもたないので，水に溶けず，油脂やアルコールにはよく溶け，熱にも強い性質をもつ．肝臓に蓄積しやすいため，取り過ぎると過剰症が現れることもある．一方，水溶性ビタミンは，ビタミン B 群の 8 種とビタミン C の計 9 種あり，水に溶けやすく熱に弱い性質をもつ．排泄されやすいため，日常的に摂取する必要がある．

　ビタミン A は，レチノール，レチナールおよびレチノイン酸の総称である（図 10.6）．目の網膜にある光受容器（ロドプシン）の成分として光

表 10.1　ビタミンの種類と働き

種類		おもな機能
脂溶性ビタミン	ビタミン A	皮膚や粘膜の健康維持，視力の健康維持，成長促進，免疫力の強化
	ビタミン D	カルシウムとリンの吸収促進，神経伝達，筋肉の収縮
	ビタミン E	抗酸化作用，細胞膜の保護
	ビタミン K	血液凝固，骨の形成
水溶性ビタミン	ビタミン B_1	糖質の代謝
	ビタミン B_2	糖質・タンパク質・脂質の代謝，皮膚や粘膜の健康維持，抗酸化酵素の補酵素
	ナイアシン	糖質・タンパク質・脂質の代謝，アルコールの代謝，抗酸化酵素などさまざまな酵素の補酵素
	ビタミン B_6	アミノ酸の代謝，神経伝達物質の合成
	ビタミン B_{12}	アミノ酸の代謝，核酸とタンパク質の合成，造血機能の維持，中枢神経機能の維持
	葉酸	アミノ酸の代謝，核酸の合成，造血機能の維持
	パントテン酸	糖質・タンパク質・脂質の代謝，コエンザイム A の構成成分，ホルモンの合成，皮膚や髪の健康維持
	ビオチン	糖質・脂質の代謝，タンパク質の合成，皮膚や髪の健康維持
	ビタミン C	抗酸化作用，ホルモンの合成，神経伝達物質の合成，コラーゲンの合成

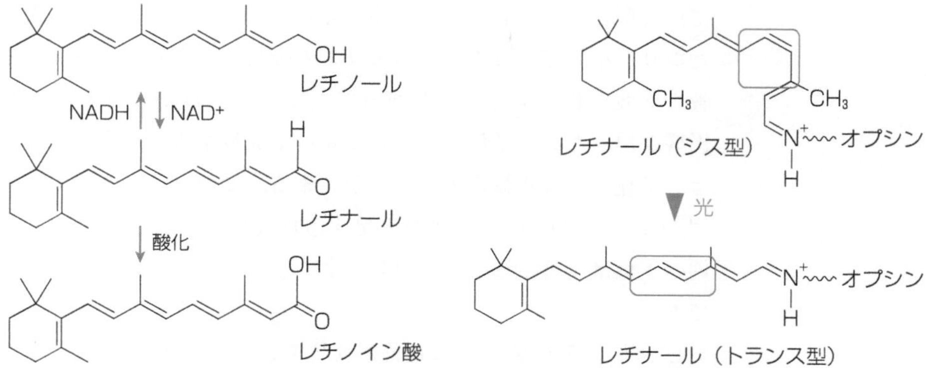

図 10.6　ビタミン A の構造変化

に反応し，シス型からトランス型に構造を変えることで，光を感知する重要な働きをもつ．また，皮膚および消化管や気管の粘膜を健康に保つ働きをもつ．病原菌やウイルスの感染を防ぐのに役立つ．ビタミン A が不足すると，暗いところで物を見る機能が低下する夜盲症になり，粘膜の機能低下により皮膚炎や感染症が増える．動物のレバーに多く含まれ，吸収率が70〜90％と非常に高いため，取り過ぎると過剰症の危険性がある．一方，プロビタミン A の β-カロテンは緩やかに吸収され，必要に応じてビタミン A に変換されることから，過剰症の心配はない．

　ビタミン D にはカルシウムとリンの吸収を助ける働きがあり，動物性のビタミン D_3（コレカルシフェロール）と，きのこに豊富なビタミン D_2（エルゴカルシフェロール）に分けられる．体内のビタミン D は，食品から吸収される分に加え，皮膚でも一部合成される．コレステロールから合成されたプロビタミン D_3（7-デヒドロコレステロール）は，皮膚で紫外線を受けて開環し，プレビタミン D_3〔(6Z)-タカルシオール〕を経てビタミン D_3 になる（図 10.7）．さらに，ビタミン D_3 は肝臓と腎臓で代謝され

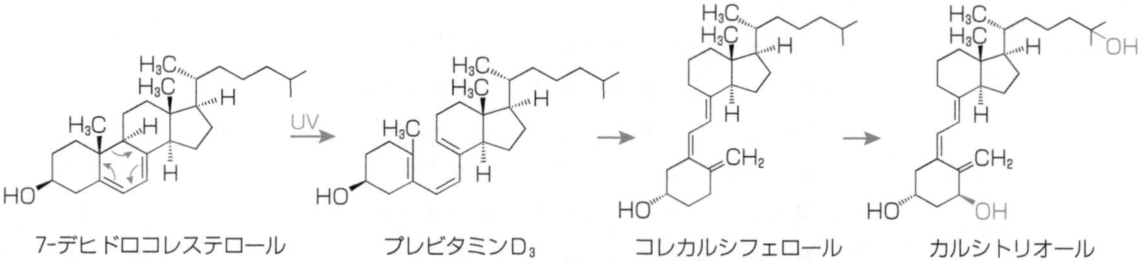

図 10.7　ビタミン D の構造変化

て活性型ビタミン D_3（カルシトリオール，1,25-ジヒドロキシビタミン D_3）となり，小腸でのカルシウムとリンの吸収率を高め，骨や歯に沈着させて骨の成長を促進する．したがって，ビタミン D が不足すると骨の成長に影響が出るため，子供では骨が曲がって成長するくる病，成人や高齢者では骨軟化症や骨粗鬆症の危険性が高まる．また日照時間や屋外での活動時間が短いと，ビタミン D が不足する可能性がある．そこで，とくに成長期の子供は屋外で運動して日光によく当たり，強い骨をつくることが大事である．

ビタミン E は強い抗酸化作用をもち，脂質過酸化を抑制して細胞や臓器を保護する働きがある．ビタミン E にはトコフェロールとトコトリエノールの2種類があり，さらにクロマン環[*6]につくメチル基の数と位置の違いからそれぞれ4種類に分けられ，計8種類が存在する（図 10.8）．トコフェロールの側鎖は単結合のみであるが，トコトリエノールには二重結合が3本ある．また，クロマン環のメチル基はトコフェロールとトコトリエノールで共通しており，いずれも α 体がとくに高活性で，天然に最も多い．ビタミン E が不足すると細胞膜の損傷が進むため，欠乏症として赤血球の溶血による溶血性貧血が現れる．また，血液中の過酸化脂質が血管に蓄積して動脈硬化を発症する危険性もある．一方，毒性が低いため，過剰症の心配はほとんどない．

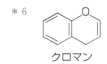

*6

クロマン

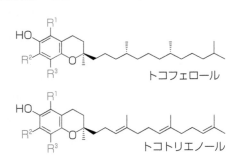

誘導体	R^1	R^2	R^3	活性比
α	CH_3	CH_3	CH_3	100
β	CH_3	H	CH_3	40
γ	H	CH_3	CH_3	10
δ	H	H	CH_3	1

トコフェロール

トコトリエノール

図 10.8　**ビタミン E の構造**

ビタミン K には血液の凝固や骨のカルシウム沈着を助ける働きがある．ビタミン K は 2-メチル-1,4-ナフトキノン[*7]を基本骨格とし，天然には側鎖の異なるビタミン K_1（フィロキノン）とビタミン K_2（メナキノン）が存在する（図 10.9）．さらにビタミン K_2 には，側鎖のイソプレン単位が異なるメナキノン-4（MK-4）とメナキノン-7（MK-7）が存在する[*8]．ビタミン K_1 は植物の光合成に利用されることから，植物性食品や植物油などに多い．一方，動物はビタミン K_1 を体内で MK-4 に変換するため，

*7

1,4-ナフトキノン

*8　数字は側鎖のイソプレン単位の数を表す．

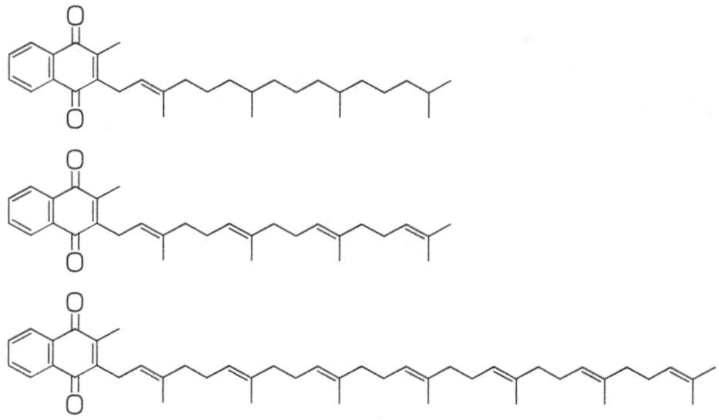

図 10.9　ビタミン K の構造

　動物性食品には MK-4 が多い．また，原核生物は側鎖の長いメナキノン
を呼吸に利用しており，納豆菌は MK-7 を産生する．腸内細菌でも一部
つくられているが，新生児期の腸内細菌では十分につくられないため，ビ
タミン K_2 シロップが投与される．ビタミン K には，血液凝固因子の働き
を助けて止血を促すだけでなく，骨の再石灰化によるカルシウム沈着を助
ける役割がある．ビタミン K が欠乏すると出血しやすくなり，動脈硬化
や骨折，骨粗鬆症の危険性が高まる．一方，毒性が低いために過剰症の心
配はほとんどないが，メナキノンは**抗血液凝固剤であるワーファリンに拮
抗する**ため，ワーファリンなどの抗血液凝固剤を服薬している場合，メナ
キノンが豊富に含まれる納豆や青汁，クロレラの摂取は控えなければなら
ない．

　ビタミン B 群は，さまざまな代謝系酵素の補酵素として，エネルギー産
生や解毒，神経伝達物質の生成，造血，新陳代謝と幅広く働く（図 10.10）．
また，葉酸は胎児の成長に重要であり，不足すると神経管閉塞障害という
先天異常のリスクが高まるため，妊娠初期から十分な量を摂取することが
推奨されている．ビタミン B 群が不足すると，倦怠感やしびれ，口内炎，
皮膚炎，神経疾患などの欠乏症が現れる．排泄されやすいため，過剰症の
心配はほとんどない．一方，ビタミン B_2 や B_{12} のように動物性食品に多
いものもあるので，偏った食生活では不足する危険性が高い．

　ビタミン C（アスコルビン酸）は強い抗酸化作用をもち，細胞や臓器を
保護する働きがある（図 10.11）．ビタミン C 自身が活性酸素[*9]を消去す
るだけでなく，細胞膜で過酸化脂質の生成を抑制する酸化型ビタミン E
を再生（還元）する役割もある．また，コラーゲンが成熟してしっかりし
た繊維構造をつくるために必要な成分でもある[*10]．シミの原因であるメ

*9　活性酸素とは，大気中
の酸素分子がより反応性の高
い化合物に変化したものの総
称で，スーパーオキシドアニ
オンラジカル，ヒドロキシラ
ジカル，過酸化水素，一重項
酸素のことをいう．

*10　壊血病は，ビタミン C
の欠乏によるコラーゲンの減
少が原因で発症し，倦怠感や
出血，貧血，関節痛などの症
状が現れ，突然死に至ること
もある．

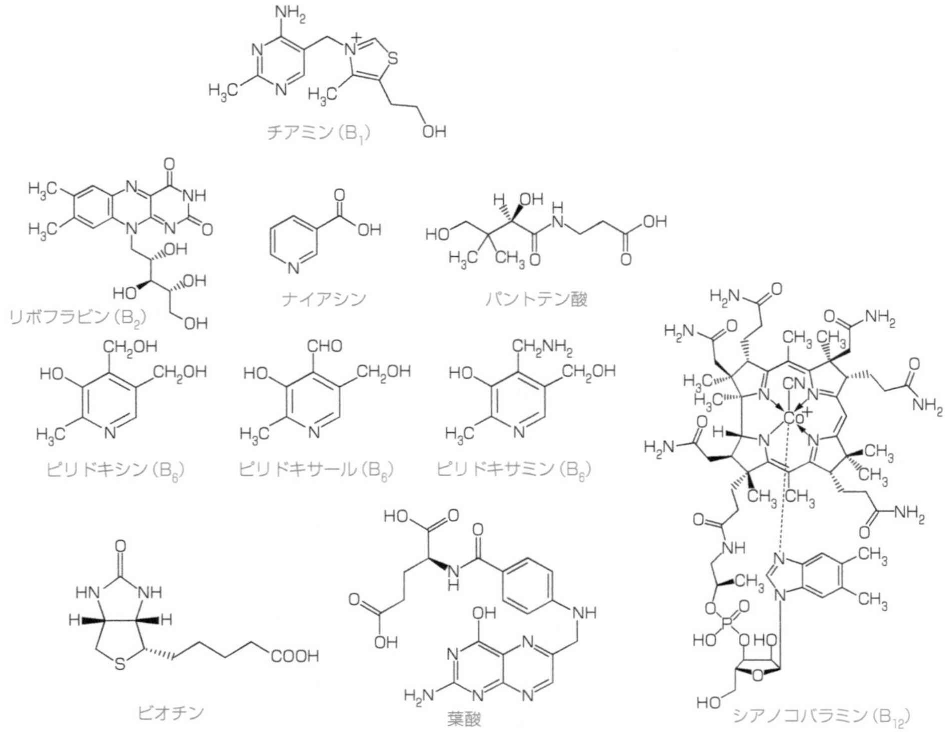

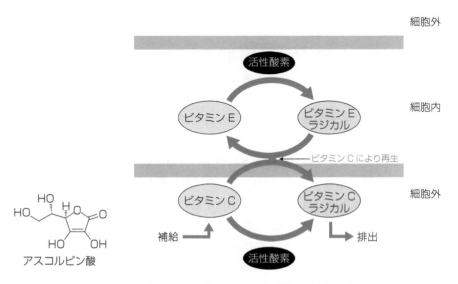

チアミン（B$_1$）

リボフラビン（B$_2$）

ナイアシン

パントテン酸

ピリドキシン（B$_6$）　　ピリドキサール（B$_6$）　　ピリドキサミン（B$_6$）

ビオチン

葉酸

シアノコバラミン（B$_{12}$）

図 10.10　ビタミン B 群の構造

細胞外

細胞内

細胞外

活性酸素

ビタミン E　　ビタミン E ラジカル

ビタミン C により再生

ビタミン C　　ビタミン C ラジカル

補給

排出

活性酸素

アスコルビン酸

図 10.11　ビタミン C（アスコルビン酸）の抗酸化作用

ビタミン発見の歴史

ビタミン研究は，戦時中の兵士が集団でかかっていた壊血病や脚気に対して，軍医らが治療を目指したことからスタートした．1896 年，日本海軍の軍医であった高木兼寛は，大麦や肉を加えるなど食事内容を変えることで，兵士の脚気が治ることを見いだした．その後，1910 年に農芸化学者の鈴木梅太郎が，米糠から脚気予防成分としてオリザニン（現在のビタミン B_1）を単離して発表した．これが世界初のビタミンの発見になるのだが，いろいろな経緯により，1912 年ポーランドの生化学者カシミール・フンクが同じ成分をビタミンと命名して発表したことで，ビタミンの存在が世界的に知られるようになった．フンクは当初，vitamine と命名したが，アミン以外のビタミンも見いだされ，綴りを少し変えた vitamin が定着している．

ラニンの生成も抑制する働きがあることから，皮膚の健康維持や創傷治癒に役立つ．さらに，非ヘム鉄の吸収を助ける働きももつ．水に溶けやすく熱に弱いことから，調理や保存に気をつける必要がある．

10.3 テルペノイド

テルペノイドは，炭素数5（C_5）のイソプレン単位で結合してできる有機化合物の一群であり，微生物や昆虫，植物と自然界に幅広く存在する．イソプレンは，メバロン酸を生合成中間体とするメバロン酸経路とメバロン酸を経由しない非メバロン酸経路でイソペンテニル二リン酸として生合成され，その頭部（リン酸基のないほう）と尾部（リン酸基があるほう）で結合[11]を繰り返してさまざまな構造の化合物になる（図 10.12）．イソプレン単位の数と特徴的な構造によりテルペノイド，ステロイド，カロテノイドなどに分類され，これらすべてをイソプレノイドと呼ぶことがある．イソプレノイドは，動物ではおもにメバロン酸経路で生合成されるが，植物ではメバロン酸経路と非メバロン酸経路の両方で生合成される．

イソペンテニル二リン酸は，その異性体であるジメチルアリル二リン酸と縮合して，C_{10} のゲラニル二リン酸が生合成される．さらに，イソペンテニル二リン酸の縮合が繰り返されてファルネシル二リン酸（C_{15}），ゲラニルゲラニル二リン酸（C_{20}），ゲラニルファルネシル二リン酸（C_{25}）が生合成される．ファルネシル二リン酸が二つ縮合したものがスクアレン（C_{30}），ゲラニルゲラニル二リン酸が縮合したものがフィトエン（C_{40}）である．そして，C_{10} から C_{30} までのイソプレノイドが環化し，転位や修飾

*11 このような結合を head-to-tail 型というが，tail-to-tail 型で結合してできるテルペノイドもある．

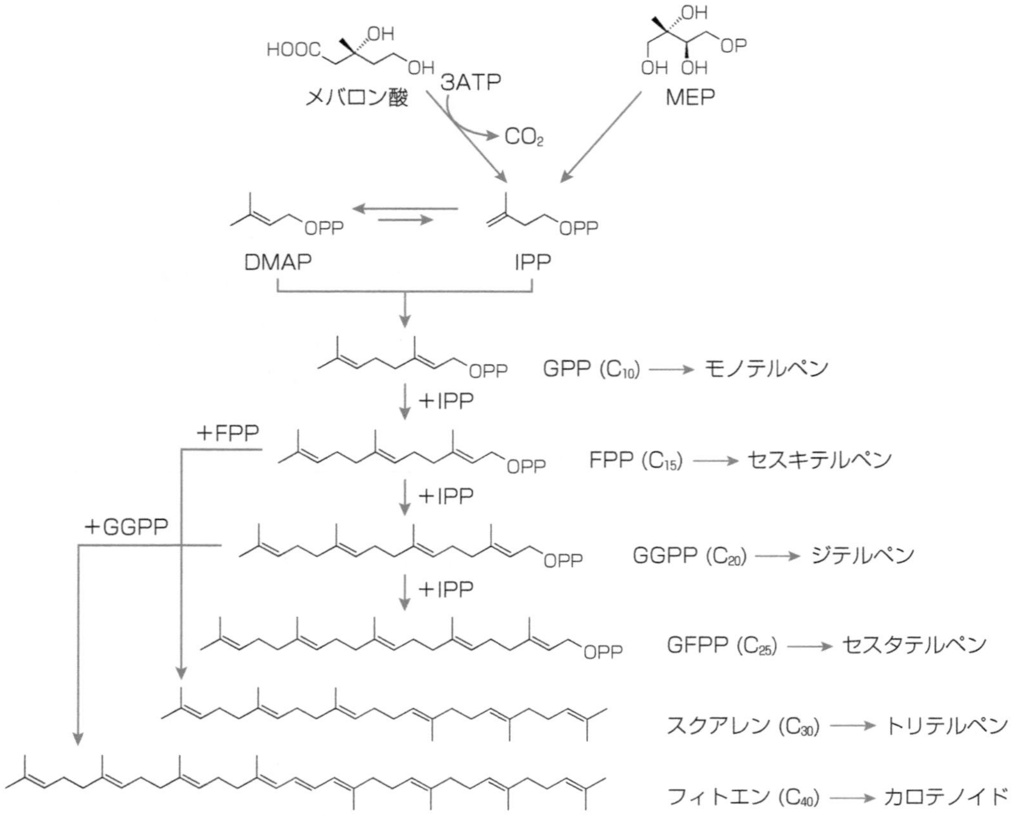

図 10.12　**イソプレノイドの生合成経路**
DMAP：ジメチルアリル二リン酸，IPP：イソペンテニル二リン酸，MEP：2-C-メチル-D-エリスリトール-4-リン酸.

など複雑な反応を受けることで，さまざまな構造のテルペノイドが生合成される．

　植物のテルペノイドは独特の香りをもつものが多く，低極性のものは精油として抽出される．また，抗菌作用や抗炎症作用，抗腫瘍作用，血糖値調節作用などさまざまな生理機能も見いだされており，生薬の有効成分としてだけでなく，日常的に食べる野菜や果物の機能性成分としても注目されている（図 10.13）．

　なお人体では，肝臓でアセチル CoA からメバロン酸およびスクアレンを介してコレステロールが生合成される．コレステロールは細胞膜の必須成分であり，脂質二重層の流動性を調節する働きをもつ．さらにコレステロールはステロイドホルモンや胆汁酸の原料となり，さまざまな生体機能の調節や脂質の吸収に重要な役割を果たす（図 10.14）．

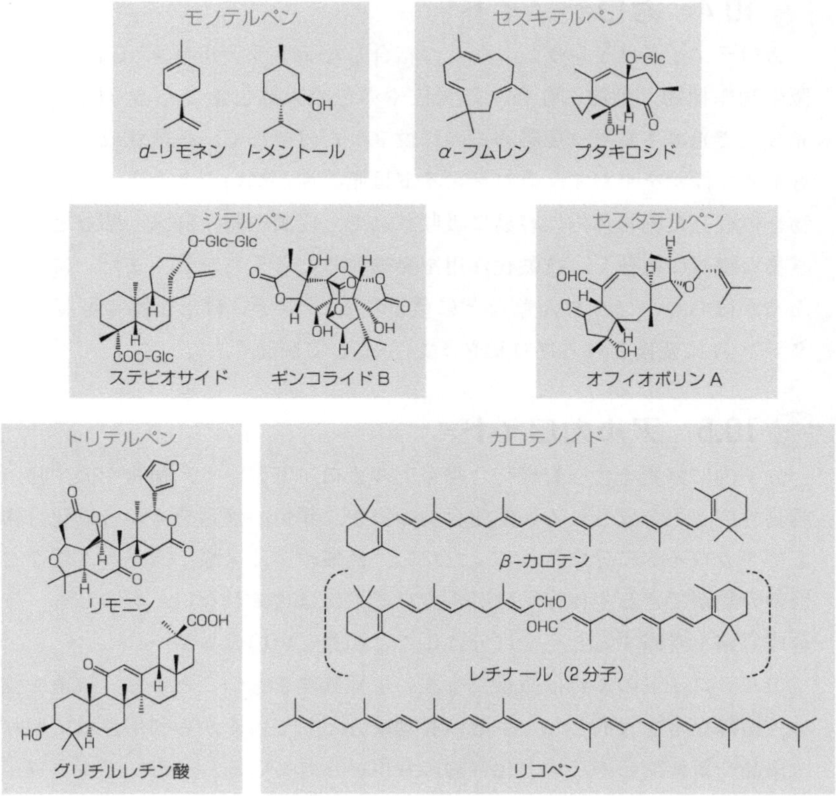

図 10.13 **テルペノイドとカロテノイドの構造**

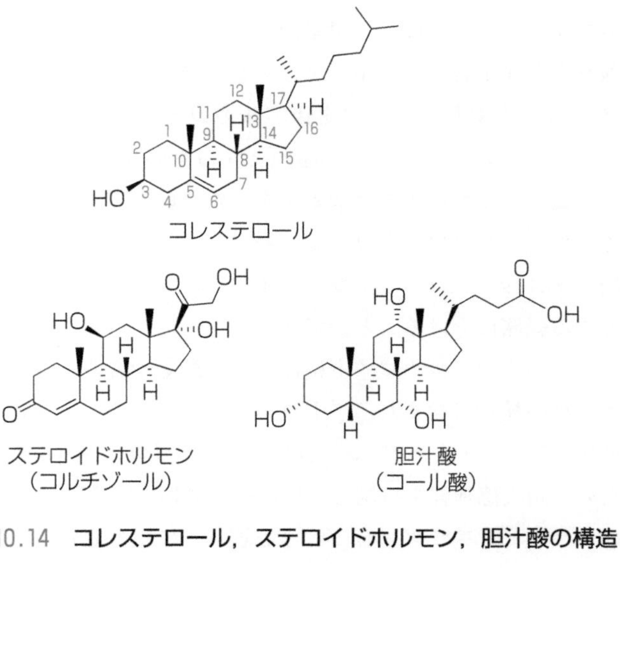

図 10.14 **コレステロール，ステロイドホルモン，胆汁酸の構造**

143

■ 10.4　カロテノイド

　カロテノイドはイソプレンが八つ結合したテトラテルペン（C_{40}）であり，微生物や植物，動物に存在する黄色や赤色の天然色素である（図 10.13）．光合成で光エネルギーを集めるのに役立つだけでなく，抗酸化成分としても重要な役割を果たす．カロテノイドは脂溶性が高いことから，藻類や植物を摂取した動物体内に容易に吸収されて，皮膚や眼，肝臓，肺などさまざまな臓器に蓄積し，抗酸化作用を発揮すると考えられる．また，にんじんやかぼちゃ，ほうれん草などに豊富な β-カロテンは，小腸や肝臓でビタミン A に変換されるプロビタミン A としても働く．

■ 10.5　アルカロイド

　分子内に窒素を含む有機化合物をアルカロイドという．植物や微生物，動物で広く生合成される天然化合物のほか，類似の構造をもつ合成化合物もアルカロイドに分類される．ただし，核酸やアミノ酸，タンパク質など別の分類ができる生体分子はアルカロイドには含まれない．もっとも，生合成経路を考慮すると完全に分けることが難しい場合も多い．

　アルカロイドの多くは微量でも強い生理機能をもつことから，抗菌や強心，鎮静などを目的とした生薬の有効成分として古くから利用されており，医薬品や新薬開発のリード化合物にも用いられている．一方，アルカロイドは別の生物に対して毒素として働くため，野草やきのこなどの自然食材[*12]や調理が不十分な食品を食べて発症する食中毒の原因物質となる場合が多い．

　アルカロイドの生合成には，窒素源としてアミノ酸を由来とする経路と，アミノ酸を介さず生合成の途中でアミノ基が導入される経路がある．窒素源がアミノ酸に由来しないものを偽アルカロイド（シュードアルカロイド）という．さらに，アミノ酸を起源とするものは，複素環（6.1.5 項参照）をもつ真性アルカロイドと複素環をもたない不完全アルカロイドに大別される．真性アルカロイドは，脂肪族アミノ酸（オルニチン，リシン）と芳香族アミノ酸（チロシン，フェニルアラニン，トリプトファン）を出発物質とする経路に分けることができる．

　オルニチン由来のアルカロイドには局所麻酔薬や麻薬のコカインがある．また，ナス科の植物に含まれるアトロピン（ヒヨスチアミンのラセミ体）やスコポラミン（ヒヨスチアミン）はアセチルコリンの働きを抑制する作用があるため，副交感神経を抑制し，臓器の機能に影響を及ぼす（図 10.15）．ナス科のチョウセンアサガオをごぼうと誤認して喫食したことにより食中

*12　食用と非食用の野草やきのこは，見た目がよく似ているため判別が難しく，毎年起こる季節的な食中毒の原因食材となっている．

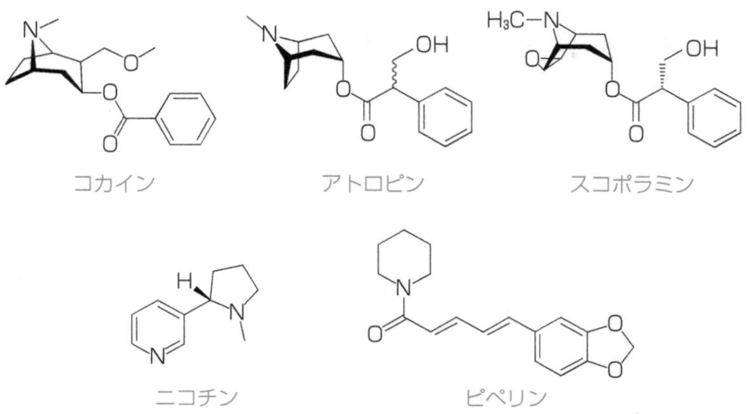

コカイン　　　　　　アトロピン　　　　　　スコポラミン

ニコチン　　　　　　　　　　ピペリン

図 10.15　脂肪族アミノ酸由来のアルカロイド

毒となるケースが多い．一方，ナス科で生薬のハシリドコロの根から抽出
されるロートエキスはアトロピンやスコポラミンを含み，胃腸薬や鎮痛剤
に利用される．また，タバコの葉に含まれるニコチンは血管収縮作用など
をもつ依存性の高いアルカロイドであり，トリプトファン由来のニコチン
酸とオルニチンから生合成される．

　こしょうの辛み成分であるピペリンはリシン由来のアルカロイドであり，
古くから防腐や殺虫に利用されてきたが，近年では代謝を高める機能も注
目されている．芳香族アミノ酸のフェニルアラニンやチロシンから生合成
されるカテコールアミン（アドレナリン，ノルアドレナリン，ドーパミ
ン）は不完全アルカロイドの一種であり，神経の興奮を引き起こす神経伝
達物質である（図 10.16）．ドーパミンのヒドロキシ化とメチル化によっ
て生合成されるメスカリンは，サボテンに含まれる幻覚物質で，日本では
麻薬に指定されている．また，ケシに多く含まれるチロシン由来のモルヒ
ネは強い鎮痛作用をもち，がんなどの疾病や外傷の鎮痛剤として利用され
る．モルヒネは依存性が高く，麻薬に指定されており，モルヒネからさら
に中毒性の高いヘロインが合成される．チロシンが脱炭酸したチラミンを
前駆体として生成されるリコリンは，スイセンに含まれる食中毒の原因物
質で，嘔吐や下痢を引き起こす．にらやノビルと間違えて喫食することが
ある．神経伝達物質のセロトニンはトリプトファンに由来するアルカロイ
ドの一つであり，カテコールアミンによる神経の興奮を抑え，精神を安定
化させる働きがある．一方，セロトニンに類似したシロシビンはきのこに
含まれ，セロトニン受容体に作用して幸福感などを与える幻覚物質として
麻薬に指定されている．また，麦角菌がトリプトファンと DMAP を縮合

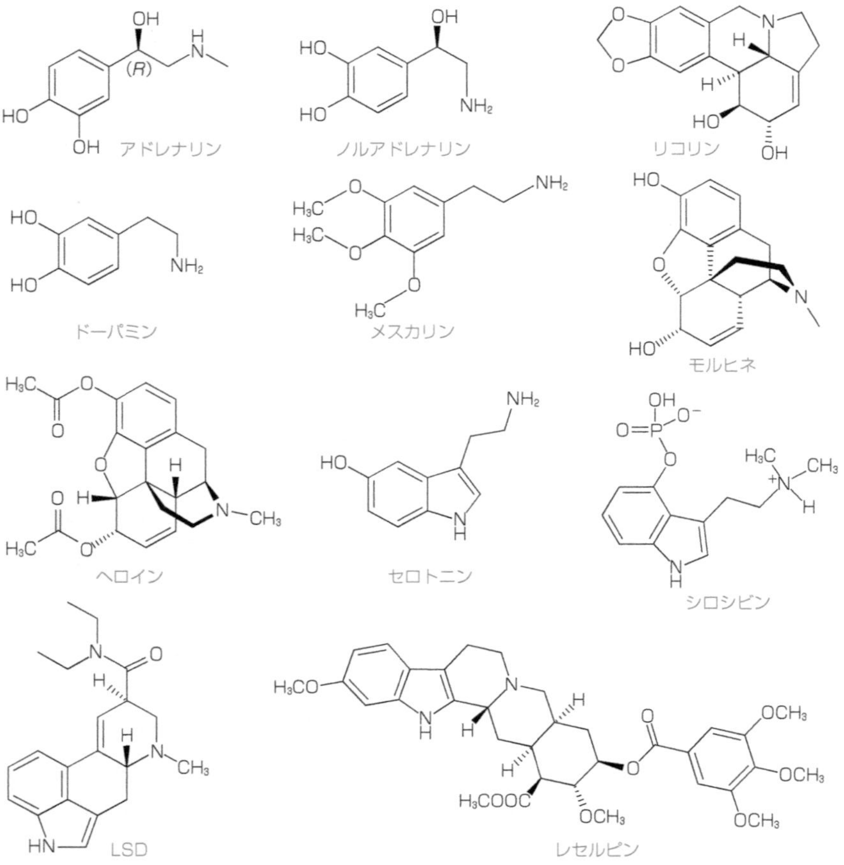

図 10.16 **芳香族アミノ酸由来のアルカロイド**

　して生成する麦角アルカロイドは，麦角菌で汚染されたライ麦パンによる食中毒の原因物質であり，その合成誘導体であるリゼルグ酸ジエチルアミド（LSD）もセロトニン受容体に作用して幻覚を引き起こす．LSD は向精神薬としての利用も検討されてきたが，現在は麻薬として取り締まりの対象となっている．トリプトファンが脱炭酸したトリプタミンとモノテルペン配糖体が縮合して生成されるレセルピンは，シナプスにおけるカテコールアミンやセロトニンの取り込みを抑制することで精神安定化や血圧低下の働きがあることから，精神疾患や高血圧の治療薬として利用される．

　そのほか，アミノ酸を介するアルカロイドとして，グルタミン酸を前駆体とする紅藻のカイニン酸やベニテングタケのムッシモール，クサウラベニタケのムスカリン，ヒスチジンを前駆体とするモルガン菌のヒスタミンなどもある（図 10.17）．いずれも食中毒の原因物質となる．

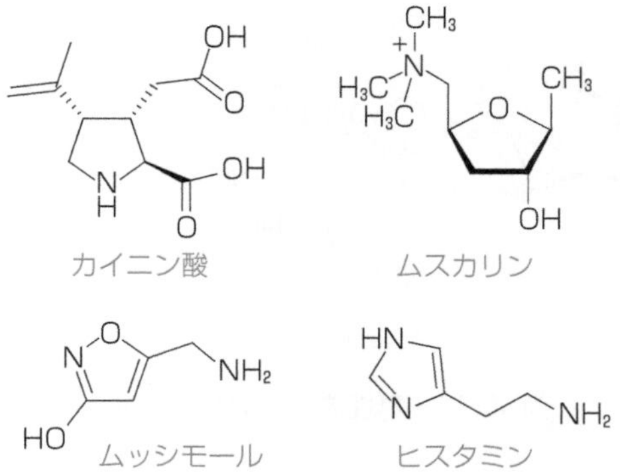

図 10.17 そのほかのアミノ酸由来のアルカロイド

　偽アルカロイドには，じゃがいもの芽に多いソラニンやチャコニン（ステロイドアルカロイド），トリカブトの塊茎に多いアコニチン（ジテルペンアルカロイド）が含まれる．いずれも食中毒の原因物質であるが，アコニチンはとくに猛毒である（図 10.18）．

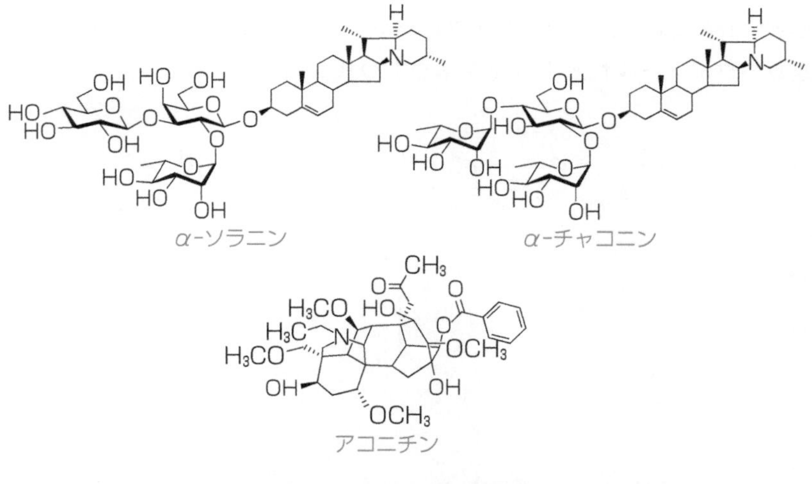

図 10.18 トリカブトやじゃがいもに含まれる偽アルカロイド

　フグ毒の成分であるテトロドトキシンや貝毒の成分であるサキシトキシン類，ゴニオトキシン類もアルカロイドである（図 10.19）．これらはフグや貝が体内で生合成するのではなく，海洋細菌や渦鞭毛藻が生合成し，それを体内に蓄積することで毒化すると考えられている．テトロドトキシンは，フグだけでなくヒョウモンダコやスベスベマンジュウガニ，アカハライモリなどももっているが，水質を管理して養殖したフグは毒化しない

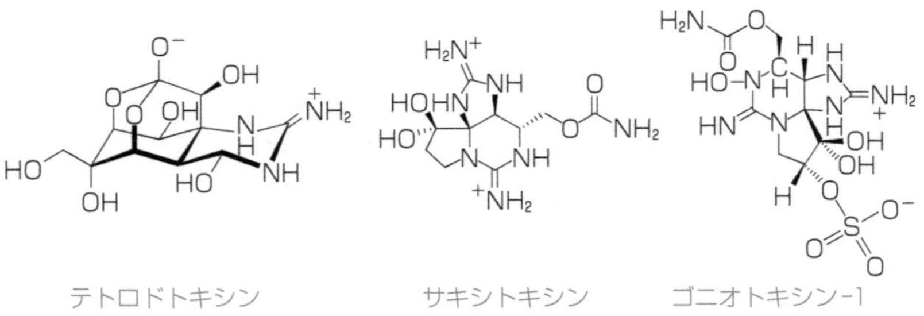

テトロドトキシン　　　　サキシトキシン　　　　ゴニオトキシン-1

図 10.19　**毒性の強いアルカロイド**

ことが確認されている．ただし，生合成経路の詳細は不明である．テトロ
ドトキシンとサキシトキシン，ゴニオトキシンの毒性は非常に強く，いず
れもナトリウムイオンチャネルを阻害して筋肉の機能を低下させるため，
呼吸困難や血圧低下により死に至る．

10.6　フラボノイド

フラボノイドは植物における二次代謝産物[*13] の一群で，約 7000 種類あ
るといわれている．ジフェニルプロパン（$C_6-C_3-C_6$）を基本骨格とし，
複数のフェノール性ヒドロキシ基をもつ代表的なポリフェノールである

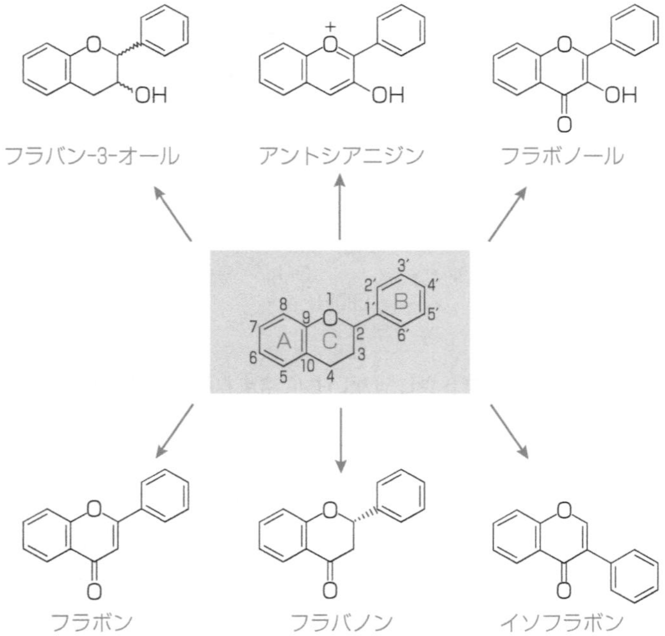

*13　植物や微生物は，生命
活動に必要な物質（一次代謝
物質）以外に，生命活動に直
接的に関わらない物質（二次
代謝物質）を生合成する．多
種多様な構造の二次代謝物質
は，医薬品や天然色素，香料
などに古くから利用されてお
り，健康機能成分としても注
目されている．

フラバン-3-オール　　　アントシアニジン　　　フラボノール

フラボン　　　　　　フラバノン　　　　　イソフラボン

図 10.20　**フラボノイドの構造**

（図10.20）．フラボノイドは植物において葉や花，実の色素になるだけでなく，紫外線や昆虫などに対する防御物質として働くと考えられている．さらに，ヒトが摂取することで抗菌作用や抗酸化作用，抗炎症作用，抗がん作用，代謝調節作用などを発揮すると期待されている．

フラボノイドの生合成は，フェニルアラニンやチロシンを出発物質とし，*p*-クマロイルCoAとマロニルCoAが縮合してできたカルコンから，さらに派生してフラバノン，フラボン，イソフラボン，フラボノール，カテキン（フラバン-3-オール），アントシアニジンが生成される（図10.21）．この過程で，A環やB環（図10.20）にヒドロキシ化やメチル化，プレニル化などの修飾を受け，さまざまなフラボイドが生成される．また植物体内では，ヒドロキシ基に糖が付加した配糖体として存在する場合が多い．食事から摂取したフラボノイド配糖体は水溶性が高いため，そのまま細胞膜を通過できないが，小腸で糖輸送タンパク質を介して腸管上皮細胞内に

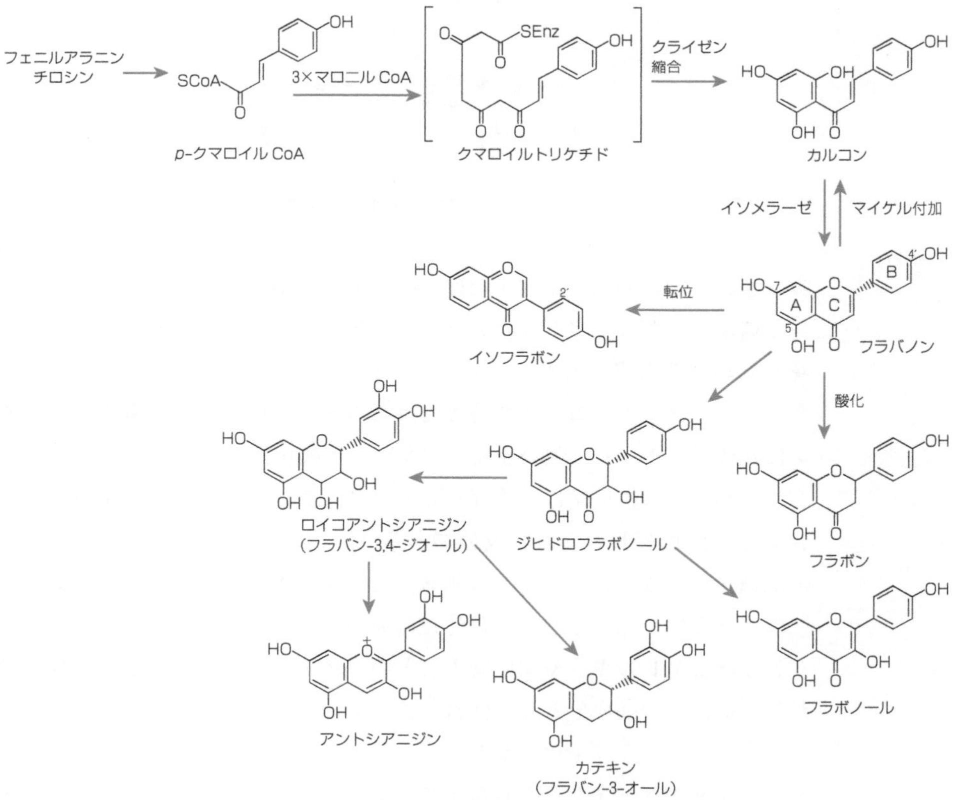

図10.21　フラボノイドの生合成

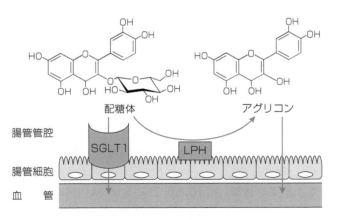

図 10.22　フラボノイドが吸収される仕組み

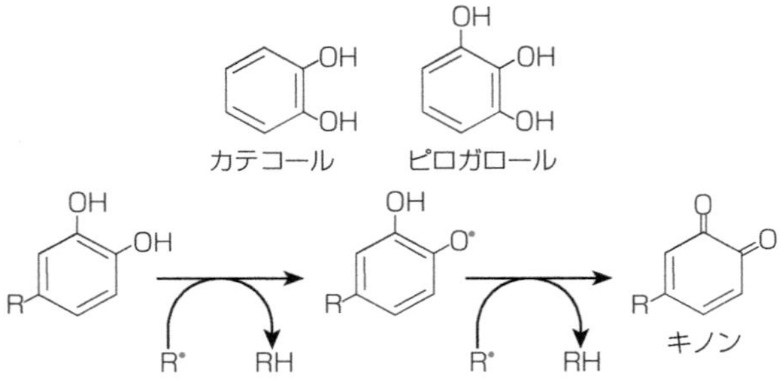

図 10.23　フラボノイドの抗酸化性

　吸収されて血管内に入る，または，腸管上皮細胞が発現している酵素によって糖が切断されたアグリコンとして単純拡散して血管に入ることで，全身を循環すると考えられている（図 10.22）．B 環にヒドロキシ基が隣り合って二つあるカテコール構造または三つあるピロガロール構造は，キノンに互変異しやすく，強い還元性すなわち抗酸化性を発揮する（図 10.23）．

　フラバノンは柑橘類に多く存在しており，ナリンゲニン配糖体のナリンジンは柑橘類のおもな苦味成分である（図 10.24）．また，ヘスペレチンの配糖体であるヘスペリジンは無味無臭だが，水溶性が低いため，ジュースのような加工品に生じる白色沈殿の原因物質になる．しかし，ヘスペリジンには抗アレルギーや血圧降下などの生体調節機能があると報告されており，機能性食品成分として注目されている．

　フラボンはパセリやセロリなどのセリ科植物に多く見られる．複数のヒドロキシ基がメトキシ化されたポリメトキシフラボン（ポリメトキシフラボノイド）は柑橘類に豊富である（図 10.25）．メトキシ基[*14]は疎水性が

*14　R−O−CH₃
　　　メトキシ基

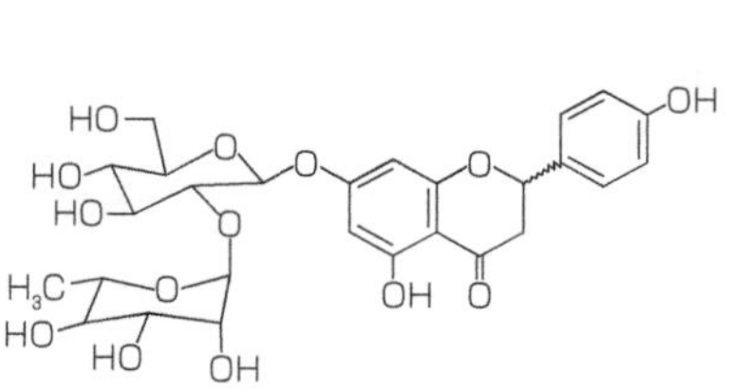

ナリンジン 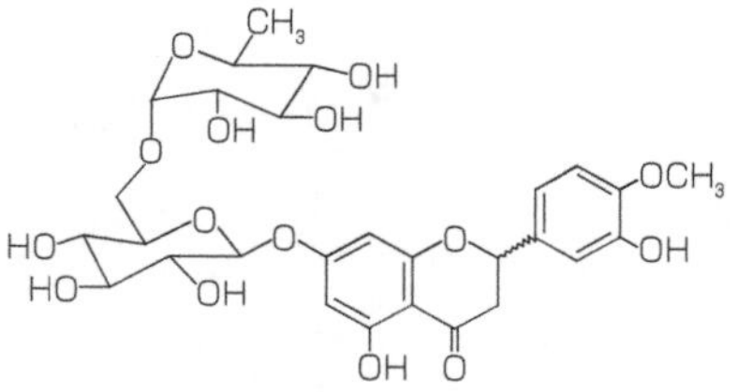　　　　　　　　　ヘスペリジン

図 10.24　**フラバノンの構造**

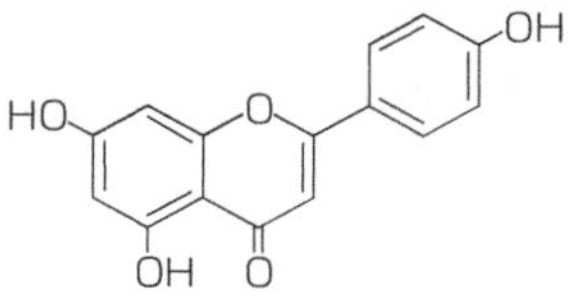

アピゲニン 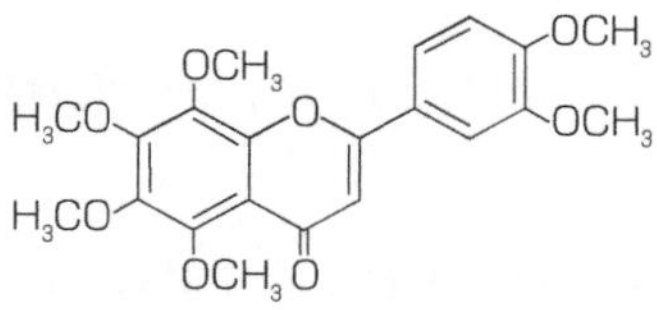　　　　　　　　　ノビレチン

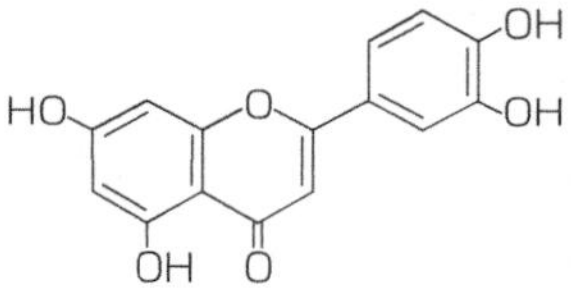

ルテオリン 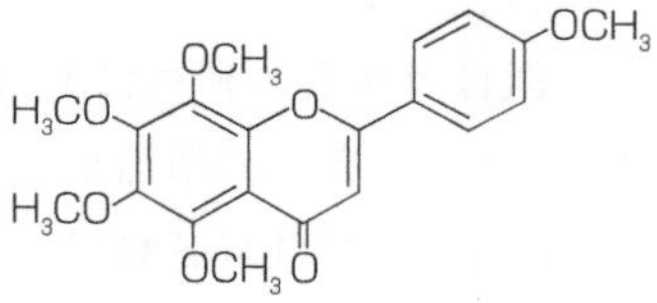　　　　　　　　　タンゲレチン

図 10.25　**フラボンとポリメトキシフラボンの構造**

高いため，ポリメトキシフラボンは細胞内に容易に取り込まれ，抗アレルギーや抗炎症，脂質代謝などの生理機能を発揮すると考えられている．

　フラボノールは天然に最も多く存在するフラボノイドである（図 10.26）．ケルセチンは代表的なフラボノールであり，野菜や果物，穀類など幅広い食材に配糖体として存在している．ケルセチン配糖体の一種であるルチンは，そばに豊富な苦味成分でもある．ケルセチンは B 環にカテコール構造[*15] をもち，さまざまな食材から摂取できることから，ポリフェノール

*15

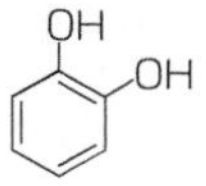

カテコール

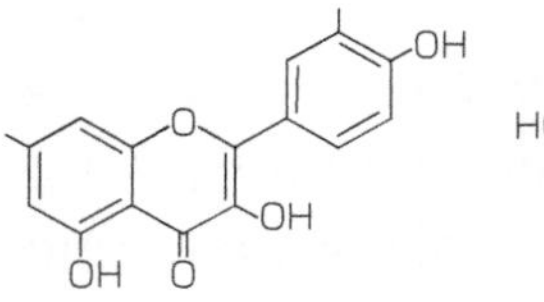

ケルセチン 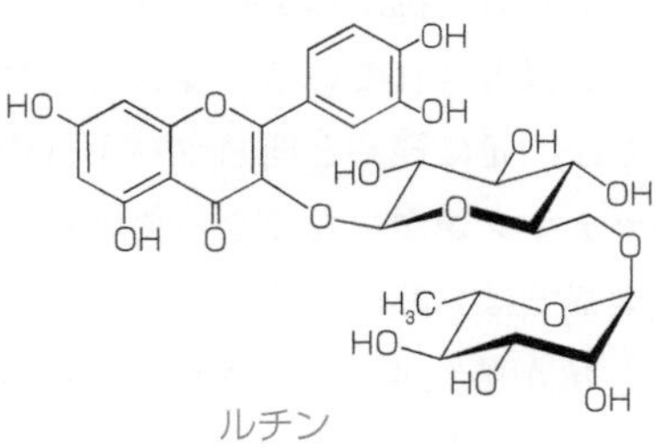　　　　　　　　　ルチン

図 10.26　**フラボノールの構造**

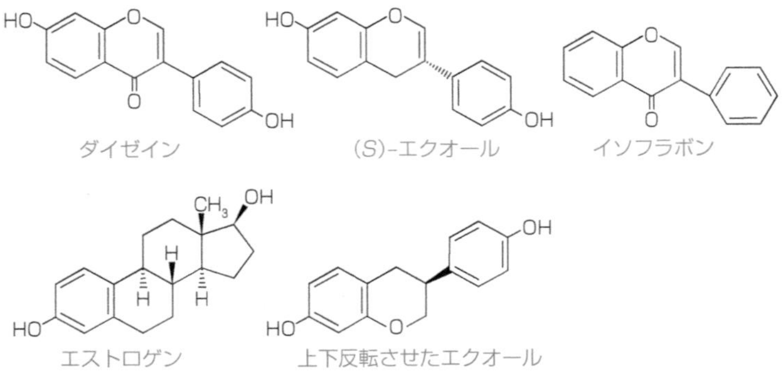

ダイゼイン　　　　(S)-エクオール　　　　イソフラボン

エストロゲン　　　上下反転させたエクオール

図 10.27　イソフラボン類とエストロゲンの構造

の生理機能を担う主要な成分であると考えられている.

　イソフラボンは, フラボンとは B 環の位置が異なる構造をしており, イソフラボン酸はマメ科の植物に豊富に含まれる（図 10.27）. イソフラボンはエストロゲンと類似の構造をしていることから, 女性ホルモン様作用を発揮する成分として注目されている. さらに, イソフラボンが腸内細菌によって代謝されたエクオールはイソフラボンよりも強いエストロゲン様活性を示すが, イソフラボンをエクオールに代謝できる腸内細菌をもつ日本人は 4 人に 1 人程度といわれている.

　カテキン（フラバン-3-オール）類は樹木性植物に多く, 供給源として茶葉がとくに有名であるが, 樹木性果実のりんごやもも, マンゴーなどにも含まれている. カテキン類は, B 環の向きが異なる 2 種類の立体異性体に大別され, さらに B 環ヒドロキシ基の数と C 環 3 位のガロイル基の有無が異なる計 8 種類が存在する（図 10.28）. 茶葉にはとくにエピカテキン, エピガロカテキン, エピカテキンガレートおよびエピガロカテキンガレートが多く含まれており, 苦味や渋味の成分となっている. ピロガロール構造[*16] をもつエピガロカテキンやエピガロカテキンガレートはとくに強い抗酸化作用をもち, 抗がんや抗アレルギー, 代謝調節など幅広い機能を発揮することが報告されている. なお, 半発酵茶のウーロン茶や発酵茶の紅茶の茶葉では, 元は緑茶と同じツバキ科の茶葉であったにもかかわらず, これらのカテキン類が少なくなっている. これは製造過程に関係し, ウーロン茶や紅茶では発酵段階でポリフェノールオキシダーゼなどの作用によりカテキン類が酸化重合して別の化合物に変化しているからである（図 10.29）[*17, *18]. いずれも複雑に重合しており, 体内にほとんど吸収されず, 腸管内で脂質や糖質の吸収を抑制する機能があるといわれている.

[*16]

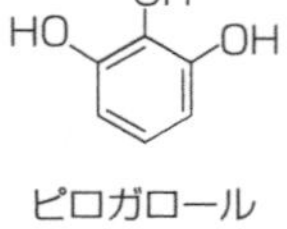

ピロガロール

[*17] このようにフラバン-3-オールが重合したものを縮合タンニンと呼ぶ.

[*18] 紅茶にレモンを入れると色が薄くなるが, これは, テアフラビンの七員環にあるヒドロキシ基が電離した状態で茶褐色を示すのに対して, 酸性条件では分子型になって無色になるからである.

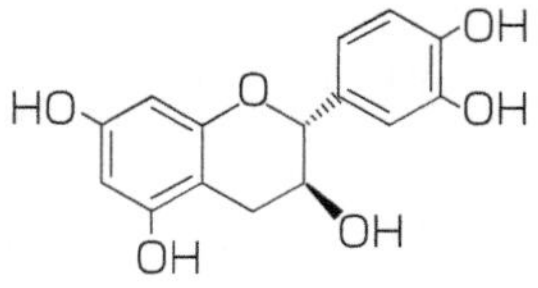

カテキン 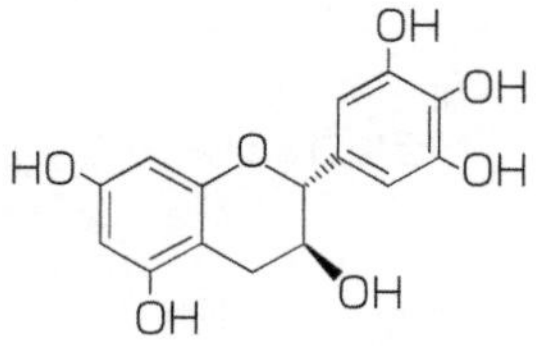　　　　　　　ガロカテキン 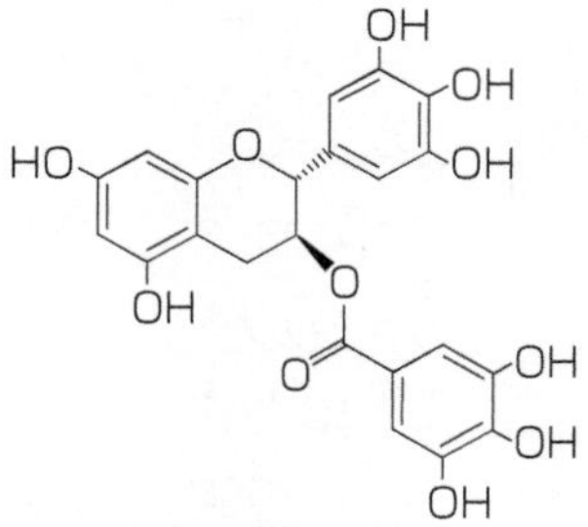　　　　　　ガロカテキンガレート

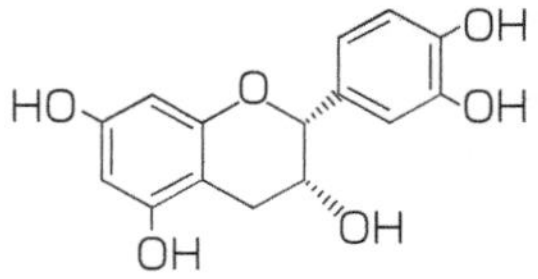

エピカテキン 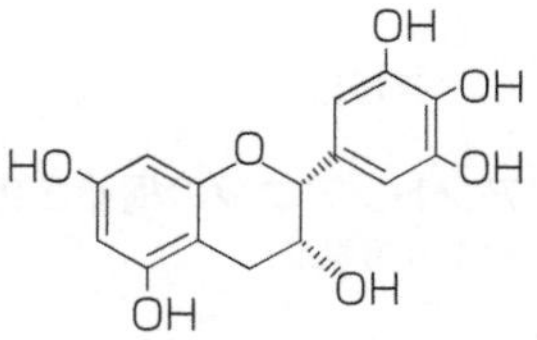　　　　　エピガロカテキン

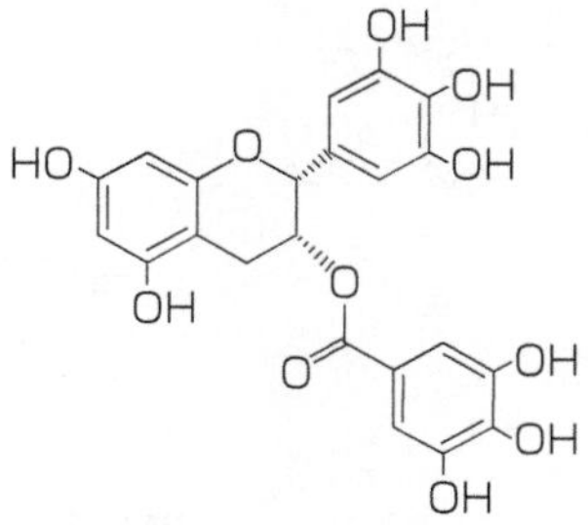

エピガロカテキンガレート

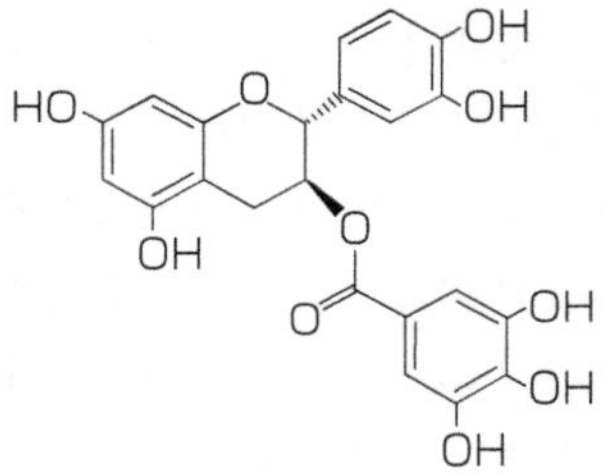

カテキンガレート 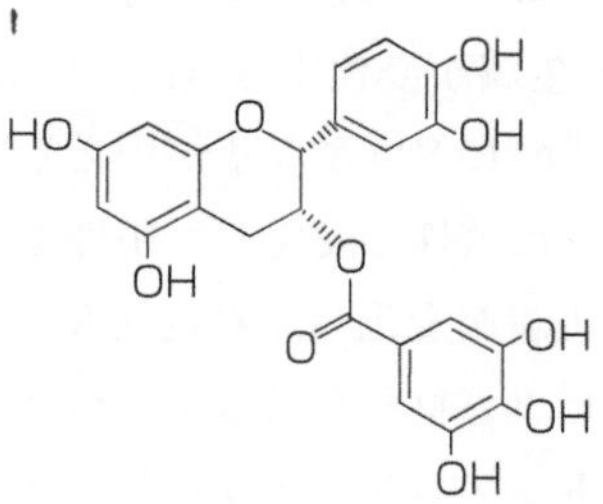　　　エピカテキンガレート

図 10.28　**カテキン（フラバン-
3-オール）類の構造**

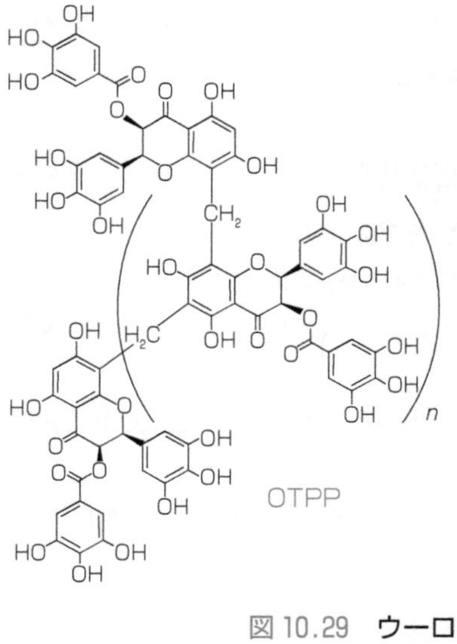

OTPP 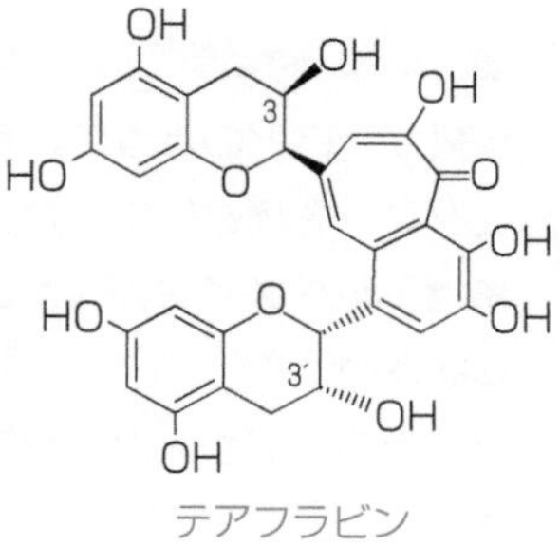　　　　　　　　テアフラビン 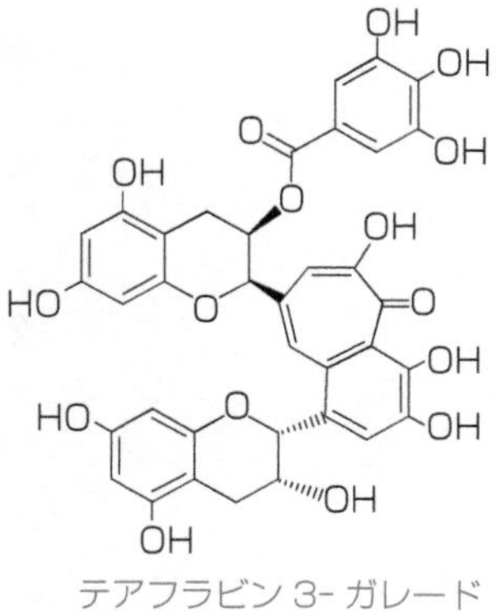　　　　　テアフラビン 3- ガレード

図 10.29　**ウーロン茶と紅茶に特徴的なポリフェノールの構造**
OTPP（oolong tea polymerized polyphenol）は発酵工程により生成する重合物．$n = 0 \sim 10$（おもに 2 〜 5 量体）．

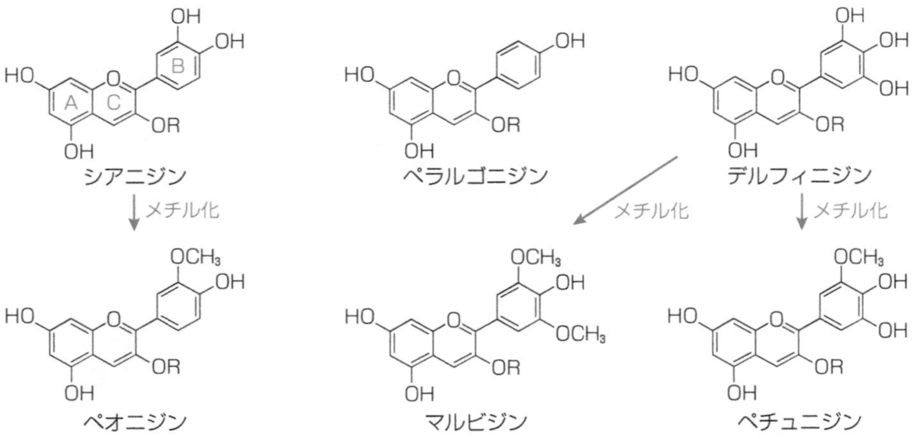

図 10.30　アントシアニンの構造変化
R：糖や有機酸.

シアニジン　ペラルゴニジン　デルフィニジン
メチル化　メチル化　メチル化
ペオニジン　マルビジン　ペチュニジン

　アントシアニジンは赤，紫，青を示す代表的な水溶性の植物色素であり，pHによって色調が変化する（図10.30）．配糖体のアントシアニンとして存在し，B環のヒドロキシ基が増えるほど青くなる傾向がある．また，アントシアニンは酸性で安定し，中性やアルカリ性では不安定になるが，金属錯体では色調が変化し，安定性も増す．B環にカテコール構造をもつシアニジンやピロガロール構造をもつデルフィニジンは，強い抗酸化作用をもつ．アントシアニンはベリー類にとくに多く含まれており，いちごや黒大豆，なすにも含まれている．ブルーベリーなどを継続的に摂取することによりアントシアニンが網膜に蓄積し，ロドプシンを酸化ストレスから保護して，目の機能を改善する可能性があるといわれている．

復習問題

1. 核酸が食にどのように影響するか簡潔に説明しなさい.
2. ビタミンを構造的に分類し，それぞれ何種類あるか答えなさい.
3. 植物テルペノイドが人々の日常とどのように関わりがあるか簡潔に説明しなさい.
4. アルカロイドが人々の日常とどのように関わりがあるか簡潔に説明しなさい.
5. フラボノイドの構造的特徴と，それによる分類を簡潔に説明しなさい.

11章

エネルギー

予習動画
のサイト

11章をタップ！

11.1 はじめに

摂取した食品成分や体内に蓄えている物質からエネルギー物質を産生し，そのエネルギー物質を分解してエネルギーを得ることで，生命活動は保たれている．私たちの体はエネルギーを消費し続けないと形や機能を保つことができない．体の中の秩序を守るために，私たちは毎日食べるのである．その営み（栄養）を理解するためには，エネルギーを熱力学的に捉えることが必要になる．この章では，栄養を理解するための手助けとなる，エネルギーに関する基本的な考え方を身につけてほしい．

11.2 エネルギーの分類

エネルギーとは，物体や系[*1] がもつ「仕事をする能力」である．エネルギーは実体がない概念[*2] であるため，そのイメージをつかみにくいかもしれない．エネルギーにはさまざまな種類がある（表11.1）．これらエネルギーは互いに姿を変えることができるが，姿を変える前後の量的な総和は変わらない．エネルギーの概念は，「新しい現象に出合ったときに，新しい種類のエネルギーを考えることで，エネルギー保存の法則を成り立たせることが可能である」という考えをもとに，拡張されてきた．だからこそ，ぼんやりとしているのである．矛盾が生じないように検証しながら，理論が構築されることで，科学は発展する．

[*1] 観測や解析を単純化するために，周囲とは切り離した部分的空間のことで，その範囲は観察者あるいは実験者が決める．

[*2] 実体のない概念を学ぶのは難しい．たとえば，栄養学でアミノ酸プールという概念を習うが，アミノ酸をプールしている（溜め込んでいる）場所があるわけではなく，体に溜めておく能力があることを意味する．

表 11.1　おもなエネルギーの種類と概要

エネルギーの種類	概要
力学的エネルギー	運動エネルギーと位置エネルギーの和．運動エネルギーは物体の運動に伴うエネルギーで，物体の速度を変化させるのに必要な仕事．位置エネルギーは物体が「ある位置」にあることで蓄えられるエネルギーで，ポテンシャルエネルギーと同義
化学エネルギー	元素または化合物中に化学結合として蓄えられているエネルギー
熱エネルギー	物質の内部エネルギーのうち，物質を構成する原子や分子の熱運動によるエネルギー
電気エネルギー	電荷，電流，電磁波などがもつエネルギーの総称
静止エネルギー	質量が存在することにより生じるエネルギー．質量を m g，光速を c m/s とすると mc^2 J で表される
光エネルギー	電磁波の一種である光がもつエネルギー．光に含まれる光子の数と光子の周波数（波長）によって決まる
原子核エネルギー	核反応に伴って放出されるエネルギー
音エネルギー	音により物体を振動させるエネルギー

■ 11.3　エネルギーの単位

　国際単位系（SI 基本単位）では，「物体に 1 ニュートン（N）の力を加えて，加えた向きに 1 メートル（m）動かしたときの仕事」をエネルギーの単位とし，これを 1 ジュール（J）[*3] と定義している．1 J は標準重力加速度[*4] のもとでおよそ 102 グラム（g）の物体（おにぎり約 1 個分）を 1 m もち上げるときの仕事に相当する．

　栄養学の分野では生理的熱量としてカロリー（cal）が用いられる．カロリーは熱量の単位で，「1 気圧のもとで純水 1 g の温度を 14.5℃ から 15.5℃ まで 1℃ だけ上げるために要するエネルギー」と定義されている．カロリーとジュールは，1 cal を 4.184 J として換算できる．カロリーの使用は，日本の計量法では 1999 年 10 月以降，「人若しくは動物が摂取する物の熱量又は人若しくは動物が代謝により消費する熱量の計量」のみに制限された．1948 年の国際度量衡総会では，カロリーはできるだけ使用しないこと，使用する場合にはジュールを併記することが決議されている．カロリーは SI 基本単位ではない．上述の決議に合わせて，日本食品標準成分表[*5] では両単位を併記している．

■ 11.4　熱　力　学

　熱力学とは，熱，仕事，温度[*6] を用いて系の変化を考える学問で，自然科学のあらゆる領域で使われる．化学反応において，熱は「物質にエネ

＊3　1 J＝1 N·m.

＊4　地表近くの真空にある物体が受ける名目重力加速度．9.80665 m/s².

＊5　文部科学省科学技術・学術審議会資源調査分科会が調査・公表している日常的な食品成分に関するデータ集．インターネット上でも食品成分データベース（https://fooddb.mext.go.jp）として公開されている．

＊6　熱力学における温度には絶対温度を用いる．絶対温度（T）の単位はケルビン（K）である．セルシウス温度（t, ℃ が単位）の値に 273.15 を足した値が絶対温度の値となる．
T(K)＝t(℃)＋273.15
つまり 0℃ は 273.15K，25℃ は 298.15K，絶対零度（0K）は −273.15℃ である．

表 11.2　**熱力学の法則**

法則の種類	説明とポイント
熱力学第一法則	巨視的現象に適用するエネルギー保存の法則. 全宇宙のエネルギーの総量は一定であり, 新たなエネルギーを生み出すこと, すでにあるエネルギーを消すことはできず, エネルギーは姿を変えるのみである. 外力が系に与える仕事量, 熱量, 外界と系の物質の出入りによる質量的作用量は変化の途中過程によって変わりうるが, 仕事量, 熱量, 質量的作用量の総和は最初と最後の状態によってのみ定まる
熱力学第二法則	巨視的な現象は一般的に不可逆であるという経験則. 全宇宙の無秩序さは常に増大する方向に進む. 化学反応において無秩序さが増大することは, 反応が自発的に進行することを意味する. 無秩序さの増大を食い止めるにはエネルギーを要する
熱力学第三法則	化学的に一様で有限な密度の物質のエントロピー（無秩序さ）は, 絶対温度が零度（0 K）に近づくに従って, 圧力, 密度, 分子の集合状態によらず一定値（0）に近づく

ルギーを与えて振動させる」という重要な役割を担う. そのため, 生体内の反応, 調理による変化, 食品中の反応, 食品加工・製造における変化などを考えるうえで, 熱力学を理解しておく必要がある. 熱力学には三つの基本法則, すなわち**熱力学第一法則**, **熱力学第二法則**, **熱力学第三法則**がある（表 11.2）. この章では熱力学第一法則と第二法則を学ぶ.

　熱とエネルギーの変換は, 系と外界から構成された世界（宇宙）の中で起こると見なす（図 11.1）. 系の種類は興味の対象によって決められ[*7], 物質もエネルギーも外界との間で出入りできる**開放系**とエネルギーだけが出入りできる**閉鎖系**がある. たとえばヒトを興味の対象とすると, 物質である栄養素を取り入れ, 老廃物を放出する開放系となる. また, 物質が出入りできない密閉された容器を興味の対象とすると, その系は閉鎖系となる. エネルギーのやりとりは, 熱として外界から系の中へ, あるいは系か

*7　学習対象, 研究対象がどちらの系であるかを認識することが, 系で起こる現象を理解するためには重要である.

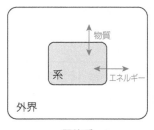

開放系　　　　　　　　　閉鎖系

図 11.1　**熱力学における世界（宇宙）**

ら外界へ伝わる場合や，系が外界に対して仕事をしたり，あるいは外界から仕事をされる場合にのみ引き起こされる．

　熱力学関数を用いれば，化学反応が適切な条件下で自発的に進行するかどうかを予測することができる．化学反応が実際に起こるためには，その系に利用できるエネルギーが十分にあることが不可欠である．熱力学的な考え方を身につけることで，化学反応をより深く考えることができる．熱力学関数にはエンタルピー[*8]，エントロピー[*9]，自由エネルギー[*10] が関係する．これらの用語を理解することが，熱力学的な思考法を身につけるために重要である．

11.5　熱力学第一法則

　閉鎖系において系の全エネルギーを，その内部エネルギー（U）とする．しかし，系の内部エネルギーの値を知ることは不可能なので，熱力学では内部エネルギーの変化（ΔU）だけを扱う．内部エネルギーの変化は，外界と系の熱や仕事のやりとりによって起こるので，その値はやりとりした熱や仕事を定量することで明らかにできる（図 11.2）．ただし，エネルギー保存の法則[*11] が成り立つことが前提である．系の内部エネルギーが初めの状態の U_1 から終わりの状態の U_2 まで変化したとき，内部エネルギーの変化は ΔU で表される．

$$\Delta U = U_2 - U_1 \tag{11.1}$$

　すでに述べたように，内部エネルギーの変化は系と外界との熱（q）や仕事（w）のやりとりで決められる．そこで次のように書くこともできる．

$$\Delta U = q + w \tag{11.2}$$

　体積（V）を自由に変化できる系における内部エネルギー（U）を見積もるために，エンタルピー（H）を用いる．エンタルピーはエネルギーの次元をもち，物質の発熱・吸熱に関わる状態量[*12] で，次のように定義される．

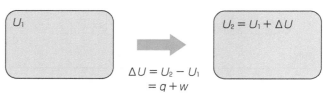

図 11.2　**仕事や熱による内部エネルギーの変化**

$$H = U + pV \tag{11.3}$$

ここで p は系の圧力[13] を示す．圧力が一定で，体積変化が無視できるくらいに小さいとき，エンタルピー変化（ΔH）は

$$\Delta H = \Delta U \tag{11.4}$$

となる．このことから，ΔH が負（$\Delta H < 0$）ならば，熱を外界に放出する**発熱反応**であり[14]，ΔH が正（$\Delta H > 0$）ならば，熱を外界から吸収する**吸熱反応**である．

　生命科学で熱力学を用いるときは，ΔH の測定が重要になる．状態 1 から状態 2 へ系が変化するときの ΔH[15] は，状態 1 と状態 2 がもつエンタルピーの差となる．

$$\Delta H = H_2 - H_1 \tag{11.5}$$

式（11.1）と式（11.4）からわかるように，式（11.5）はとくに新しいことを述べているわけではなく，状態 1 から状態 2 への変化は，道筋によらず一定になることを意味する．これを**ヘスの法則**という．たとえば，状態 A から状態 C に変わる際の ΔH_{AC} は，状態 A から状態 B を経て状態 C に変わる際のエンタルピー変化の和（$\Delta H_{AB} + \Delta H_{BC}$）と等しい（図 11.3）．つまり，状態 A から状態 C への ΔH_{AC} と状態 B から状態 C への ΔH_{BC} が測定できれば，ΔH_{AB} は計算できることになる．

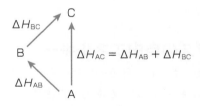

図 11.3　ヘスの法則

11.6　熱力学第二法則

　熱力学第一法則はエネルギー保存則を述べているだけで，ある過程が自発的に進行するかどうかについては何も教えてくれない．過程の進行状態を見極めるのに必要な法則を**熱力学第二法則**という．自発的ではない過程とは，ある変化を起こし続けるのに，絶えずエネルギーを与え続けなければならない過程のことである．熱力学第二法則では，あらゆる自発的過程

*13　容器に入れられた気体の圧力は，個々の気体分子の運動によって決められる．分子が容器の壁へ衝突することで圧力が生じている．

*14　$\Delta H < 0$ のとき，$\Delta U < 0$ である．式（11.1）から $U_2 - U_1 < 0$ となり，$U_2 < U_1$ が導かれる．これは，終わりの状態の内部エネルギーのほうが初めの状態の内部エネルギーより小さいことを意味するので，発熱反応となる．

*15

状態 1　$\xrightarrow{\Delta H}$　状態 2
$H = H_1$　　　　　$H = H_2$

*16　行き着く先はカオス
（混沌の状態）である.

*17　エントロピーの値を直
接的に定量するのは難しい.

*18　状態量とは, 状態が定
まれば一定の値をとる巨視的
な量のことをいう.

は世界（宇宙）全体の秩序をなくす（無秩序な）方向にのみ進むと考える.
自発的過程の結果, 物質もエネルギーも整然さを失ってしまう[16]. 系の
無秩序さの度合いはエントロピー（S）[17] と呼ばれる状態量[18]で表され
る. 系が無秩序であるほど, S の値は大きくなる. 世界（宇宙）のエント
ロピー変化（ΔS_{univ}）は系内のエントロピー変化（ΔS_{sys}）と外界のエント
ロピー変化（ΔS_{surr}）の和であり,

$$\Delta S_{\mathrm{univ}} = \Delta S_{\mathrm{sys}} + \Delta S_{\mathrm{surr}} \tag{11.6}$$

自発的過程においては正の値（$\Delta S_{\mathrm{univ}} > 0$）となる. ヒト（系）が栄養素
を摂取して代謝を行っている間, 生きている細胞（系の内部）が無秩序さ
を増すことはない（$\Delta S_{\mathrm{sys}} = 0$）. その代わり, 二酸化炭素, 水, 熱などの
廃物を体外に放出する. そのとき, 外界の無秩序さは増すことになる
（$\Delta S_{\mathrm{surr}} > 0$）. そう考えると, 世界（宇宙）全体のエントロピー変化
（ΔS_{univ}）は常に正となり, 世界（宇宙）は常に乱雑さを増していることに
なる. このことからわかるように, ある過程が自発的であるかを知るため
には, ΔS_{univ} の符号がわかればよい. $\Delta S_{\mathrm{univ}} > 0$ のとき, その過程は自発
的であり, $\Delta S_{\mathrm{univ}} < 0$ のとき, 逆の過程が自発的に進行する. $\Delta S_{\mathrm{univ}} = 0$ の
ときは, どちらの向きの過程も進行しない. $\Delta S_{\mathrm{univ}} = 0$ ということは, 式
（11.6）が $\Delta S_{\mathrm{sys}} + \Delta S_{\mathrm{surr}} = 0$ となり, つまり $\Delta S_{\mathrm{sys}} = -\Delta S_{\mathrm{surr}}$ である. これは,
系と外界が無秩序さにおいて平衡状態に達していることを意味する. ヒト
（系）と外界が無秩序さにおいて平衡状態に達するということは, 生命活
動の停止（死）を意味する.

■ 11.7　ギブズの自由エネルギー

　ある過程が自発的であるかを知るのに用いられる熱力学の関数として,
ギブズの自由エネルギー（G）[19] がある. 自由エネルギーの変化（ΔG）
は次式で表される状態量である.

$$\Delta G = \Delta H - T\Delta S \tag{11.7}$$

この式における ΔS は系のエントロピー ΔS_{sys} のことである. 式（11.7）
は式（11.6）から導かれる. 導き方を以下に示す. ΔS_{surr} は, ある状態変
化において出入りした熱量（ΔH）を絶対温度（T）で割ったものと定義
される[20]. すなわち

$$\Delta S_{\mathrm{surr}} = -\Delta H / T \tag{11.8}$$

*19　自由エネルギーとは,
内部エネルギーの中で仕事に
変えることが可能な部分を指
す. 自由エネルギーにはギブ
ズの自由エネルギーとヘルム
ホルツの自由エネルギーがあ
る. 前者は定圧変化（P が一
定）のときに使いやすく, 後
者は定積変化（V が一定）の
ときに使いやすいとされてい
る. 生命現象は定積変化より
も定圧変化で起こることが多
いので, ここではギブズの自
由エネルギーを学ぶ.

*20　系を囲む外界が, 1K
あたりどのくらいのエネルギ
ー変化（エンタルピー変化）
を系に与えられる外界である
かを示している.

となる．これを式（11.6）に代入すると

$$\Delta S_{\mathrm{univ}} = \Delta S_{\mathrm{sys}} - \Delta H/T \tag{11.9}$$

となる．両辺に $-T$ を掛けると

$$-T\Delta S_{\mathrm{univ}} = -T\Delta S_{\mathrm{sys}} + \Delta H \tag{11.10}$$

となる．この式の左辺 $-T\Delta S_{\mathrm{univ}}$ を ΔG と定義することで（$-T\Delta S_{\mathrm{univ}}=\Delta G$），式（11.7）が導かれる．図 11.4 を見てみよう．$\Delta G < 0$ のとき $-T\Delta S_{\mathrm{univ}} < 0$ であるから，$\Delta S_{\mathrm{univ}} > 0$（絶対温度 T は必ず正の値）となる．すなわち，反応は自発的に進み，エネルギーが放出される．これを**発エンルゴン反応**という．逆に $\Delta G > 0$ のとき，非自発的過程（$\Delta S_{\mathrm{univ}} < 0$）となる．この反応を進めるためには，ほかからエネルギーを与える必要がある．これを**吸エルゴン反応**という．発エルゴン反応と吸エルゴン反応が何らかの様式で組み合わさって，吸エルゴン反応が進む共役反応が構成される．発エルゴン反応から放出される自由エネルギーが，吸エルゴン反応によって吸収されるエネルギーよりも大きければ，全体としては $\Delta G < 0$ になるので，全体の反応は自発的に進む共役反応となる．生体内では随所に共役反応が見られる．生体反応では多くの場合，反応によって生合成された生成物を利用することよりも，その反応で放出されたエネルギーを利用することが目的である．生体の中では分解反応（多くが発エルゴン反応）と合成反応（多くが吸エルゴン反応）を組み合わせて，生命活動が営まれている[21]．

＊21　12.4 節を参照.

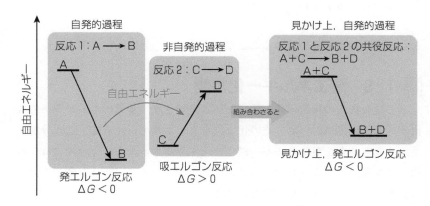

図 11.4　**発エルゴン反応による吸エルゴン反応の進行（共役反応）**

■ 11.8　標準自由エネルギー変化

＊22　上付の丸はノウト（nought）あるいはノット（knot）と読む.

標準自由エネルギー（$G°$[*22]）とは，標準状態[*23]にある元素が最も安定な形（水素は気体，炭素はグラファイトなど）であるときの自由エネルギーの値を 0 として，物質の自由エネルギーの値を求めたものである. **標準自由エネルギー変化（$\Delta G°$）** とは，25℃，1 bar，溶質濃度 1.0 M の条件下で起こる反応が示す値とされる.

次のような化学反応の標準自由エネルギー（$G°$）の変化を考える.

$$aA + bB \rightleftharpoons cC + dD$$

＊23　物質の性質は温度や圧力などの状態によって変化するので，物質を比較するためには，基準となる状態における物質同士を比較する必要がある. その基準となる状態を標準状態という. 気体の標準状態は大気圧 1 bar（101.325 Pa），温度 0℃（273.15K）であるが，熱力学では 1 bar，25℃（298.15K）を標準状態とする. 大気圧の単位は 1997 年以前は atm（アトム）であったが，現在は国際単位系である bar（バール）が用いられている.

この反応の平衡定数を K_{eq}[*24] とすると，標準自由エネルギー変化（$\Delta G°$）と自由エネルギー変化（ΔG）の関係は次式のように表される.

$$\Delta G = \Delta G° + RT \ln K_{eq} \tag{11.11}$$

ここで R はモル気体定数，T は絶対温度を示す. 反応が平衡に達したとき，$\Delta G = 0$ となるので，式（11.11）は

$$\Delta G° = -RT \ln K_{eq} \tag{11.12}$$

＊24　eq は equilibrium（平衡）の略.

となる. この反応の K_{eq}[*25] は

＊25　K_{eq} は，各生成物と反応物のモル濃度が，その係数乗され，それらの割合として計算される. 4.3 節を参照.

$$K_{eq} = \frac{[C]^c[D]^d}{[A]^a[B]^b} \tag{11.13}$$

と表され，式（11.13）を式（11.12）に代入すると

$$\Delta G° = -RT \ln \left(\frac{[C]^c[D]^d}{[A]^a[B]^b} \right) \tag{11.14}$$

となり，$\Delta G°$ を計算で求めることができる.

■ 11.9　高エネルギー化合物

ある化合物内の特定の共有結合が加水分解され，多量のエネルギーの放出が起こる反応において，その化合物を**高エネルギー化合物**，加水分解を受ける共有結合を**高エネルギー結合**と呼ぶ. 高エネルギー化合物には，有機二リン酸，アシルリン酸，ホスホグアニジン，エノールリン酸，チオエステル，スルホニウムなどがある（表 11.3）. ここでいう「高エネルギー」とは，反応物と生成物の間のエネルギーの含有差が大きいことを意味している. 高エネルギー化合物の加水分解で起こる標準自由エネルギー変化

表 11.3 高エネルギー化合物

種類	共通式	例	$\Delta G°^{*}$ (kJ/mol)
有機二リン酸	$\overset{\displaystyle O\ \ \ \ O}{\underset{\displaystyle OH\ OH}{R-\overset{\|}{P}\sim\overset{\|}{P}-OH}}$	ATP，GTP，UTP，CTP	−30.5
アシルリン酸	$\overset{\displaystyle O\ \ \ \ \ O}{\underset{\displaystyle OH}{R-\overset{\|}{C}-O\sim\overset{\|}{P}-OH}}$	アセチルリン酸	−41.8
ホスホグアニジン	$\overset{\displaystyle NH\ \ \ \ O}{\underset{\displaystyle H\ \ \ \ OH}{R-\overset{\|}{C}-N\sim\overset{\|}{P}-OH}}$	ホスホクレアチン	−43.9
エノールリン酸	$\overset{\displaystyle CH\ \ \ \ O}{\underset{\displaystyle OH}{R-\overset{\|}{C}-O\sim\overset{\|}{P}-OH}}$	ホスホエノールピルビン酸	−61.9
チオエステル	$\underset{\displaystyle }{R-\overset{\displaystyle O}{\overset{\|}{C}}\sim S-CoA}$	アセチル CoA	−31.4

＊ pH 7.0，25℃ における値．〜は高エネルギー結合．

（$\Delta G°$）の値は −29 〜 −63 kJ/mol である．有機二リン酸に分類される
ATP の加水分解エネルギーは，高エネルギー化合物のなかでは小さいほ
うなので，ATP は生成されやすく[*26]，かつ高いエネルギー放出する[*27]
という特徴をもち，仲介物質として利用されやすい．私たちは食物から糖
質，タンパク質，脂質などの高自由エネルギー化合物を摂取し，呼吸で得
た酸素を使って分解することで，ATP を産生する（図 11.5）．このとき，
糖質，タンパク質，脂質などの複雑な分子は二酸化炭素やアンモニアのよ
うな単純な化合物まで酵素的に分解される．このような作用を異化作用と
いう．一方，ATP のかたち（図 11.6）で蓄えられた化学エネルギーは，
簡単な化合物から複雑な化合物を酵素的に合成する同化作用に用いられた

[*26] 分解のエネルギーが小さいということは，生成に必要なエネルギーも小さいということなので，生成されやすい．

[*27] ほかのリン酸エステル化合物のリン酸エステル結合が加水分解されたときに生じる $\Delta G°$ は −3〜4 kcal/mol である．それよりもはるかに大きいエネルギーを放出する．

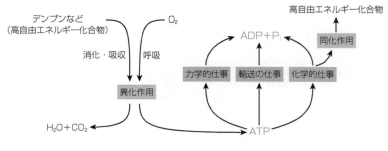

図 11.5 異化と同化

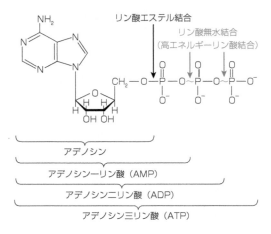

図 11.6　**ATP の構造**

り，化学反応，能動的輸送，筋収縮などに用いられたりする．

■ 11.10　化学反応と活性化エネルギー

　物質 A と物質 B を混ぜて，反応に必要な量のエネルギーを与えると，物質 C が生成する反応を考える（図 11.7）．

$$A + B \longrightarrow C$$

物質 A と物質 B が混ざった状態（状態 1）の状態エネルギー E_1 と物質 C が生成した状態（状態 2）の状態エネルギー E_2 の差（ΔE）は

$$\Delta E = E_2 - E_1 \tag{11.15}$$

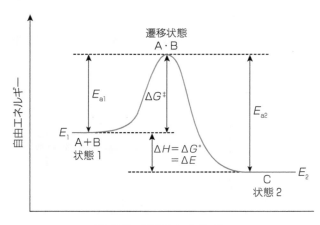

図 11.7　**活性化エネルギー**

となる. 各状態エネルギーを内部エネルギーと考えると

$$\Delta E = \Delta U \tag{11.16}$$

となる. 式 (11.16) と式 (11.4) から ΔE は ΔH と等しくなる. この反応は物質 A と物質 B を混ぜるだけでは起こらない. 反応を進めるためには, エネルギーを与えることが必要となる. たとえば, 加熱により熱エネルギーを与えると, 分子の振動エネルギーが増加する. 振動エネルギーが増えると, 物質 A と物質 B の衝突が起こりやすくなる. 衝突した物質が活性化エネルギー (E_{a1}) を超えるエネルギーをもったとき, 遷移状態 (A・B) となり, 反応が進み, 状態 2 (C) に達する. ただし, 必ず反応が進むわけではなく, 状態 1 (A＋B) にもどるものもある. 活性化エネルギーは活性化自由エネルギー ($\Delta G^{‡*28}$) と等しい. また, ΔH は標準自由エネルギー変化 ($\Delta G°$) と等しく, 式 (11.14) を用いて計算することが可能である. 次に逆反応を考えてみよう.

$$C \longrightarrow A + B$$

この場合, 遷移状態に達するためには活性化エネルギー E_{a2} が必要となる. 図 11.7 のように $E_{a2} > E_{a1}$ の場合, 逆反応は起こりにくくなる.

　生成物の生成速度を増大させるためには, 温度や反応物の濃度を上昇させて, 物質間の衝突頻度を上げればよい. しかしながら, 温度や反応物の濃度を上げるのにも限界がある. そこで, 反応液中に**触媒**を加えることで, 同じ条件下でも反応速度を増大させる方法をとる. とくに生体内では, 温度や反応物の濃度を上げるのは難しいので, **酵素**が用いられる. 触媒の投

*28 デルタジーダブルダガーと読む.

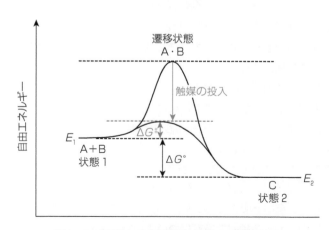

図 11.8 **触媒による活性化エネルギーの減少**

Column

『平家物語』と熱力学第二法則

鎌倉時代の軍記物語,『平家物語巻第一祇園精舎』の冒頭をご存じだろうか.

　　祇園精舎の鐘の声, 諸行無常の響きあり. 沙羅双樹の花の色, 盛者必衰の理をあらわす. おごれる人も久しからず, ただ春の夜の夢のごとし. たけき者も遂にはほろびぬ, ひとへに風の前の塵に同じ.（原文抜粋）

全編を通して, 仏教的無常観を綴っているといわれる『平家物語』だが,「祇園精舎」の冒頭の文章は, まさに自然の摂理を謳っているように思われる. あるものを秩序ある状態に保ち続けるには, 無秩序さを自発的に進行させる自然の法則に逆らい続ける必要がある. そこには絶え間ないエネルギーの投入

が不可欠となる. 対象となる系が大きくなればなるほど, 秩序を保つシステムも複雑になり, 投入するエネルギーも大きくなる. 複雑で大きなシステムを保ち続けるのは, いつの時代でも難しい自然の摂理なのである.

　もう少し身近な例として, 自分の部屋を考えてみよう. 整理整頓された（秩序ある状態の）部屋で幾日か過ごすうちに, 部屋の秩序が崩れていくことはないだろうか. 秩序を戻すためには, あるルールに従って片づける必要がある. そのためには, エネルギーの投入が必要となる. 投入されるエネルギーは自分自身によるものかもしれないし, 他人によるものかもしれない. とにかく, 整理整頓された部屋を保つためにはエネルギーの投入が必要なのである.

---

*29　図11.7を見るとわかるように $E_{a1} = \Delta G^{\ddagger}$ である.

入により, 活性化エネルギー（E_{a1}）, すなわち活性化自由エネルギー（$\Delta G^{\ddagger}$）*29 が低下する（図11.8）. このとき, 触媒が変化させるのは活性化自由エネルギー（$\Delta G^{\ddagger}$）のみで, 標準自由エネルギー変化（$\Delta G°$）は変化させない.

■■■■■ 復習問題 ■■■■■

1. おにぎり1個（200 g）を食べたときに摂取するエネルギーをカロリーとジュールで表しなさい. おにぎり100 gのエネルギーは食品成分データベースで検索する.
2. 熱力学第一法則について説明しなさい.
3. 熱力学第二法則について説明しなさい.
4. ある反応液中のエンタルピーの変化が負（$\Delta H < 0$）のとき, 溶液の温度は上がるか, 下がるか.
5. ヘスの法則について説明しなさい.
6. $\Delta S_{univ} = \Delta S_{sys} + \Delta S_{surr}$ から $\Delta G = \Delta H - T\Delta S$ を導き出しなさい.
7. 発エルゴン反応と吸エルゴン反応の共役反応について説明しなさい.
8. 化学反応における触媒の役割について, 熱力学的に説明しなさい.

12章

化学反応

▧ 12.1　はじめに

　私たちの体に取り込まれた化学物質は，さまざまな反応の材料として用いられる．物質 A と物質 B が反応するために最も大切なことは，両者が出合うことである．出合いの頻度が高いほど反応が起こりやすいのは，想像に難くない．ある一定容積の中で出合いの頻度を上げるには，溶けている物質の数を増やせばよい．つまり，物質の濃度が高いほど出会いの頻度が上がり，反応は進みやすくなる．実験科学においては，どこで誰がやっても同じ反応が同じ頻度で起こるようにすること（**再現性**）が大切である．再現性の確保には濃度を一定にすることが必須なので，濃度を記すことは科学情報として不可欠である[*1]．この章では化学反応を理解し，一般的な化学反応と酵素が関わる化学反応の違いを知ることで，生命の工夫を感じてほしい．

▧ 12.2　一分子反応と多分子反応

　反応の分類方法は何種類もある．反応に関わる分子の数によって分類すると，一分子反応と多分子反応に分けることができる（図 12.1）．1 分子だけで反応が進む反応を一分子反応，2 分子以上が出合うことで進む反応を多分子反応という．一分子反応には，放射性同位体の崩壊や極性分子のイオン化などが挙げられる．生体内の反応は二分子反応が主である．3 分子が同時に出合う確率を考えると，3 分子以上の反応が起こるのは非常に困難だと想像できる．

予習動画
のサイト

12章をタップ！

[*1]　濃度の記し方は 3.5 節を参照．

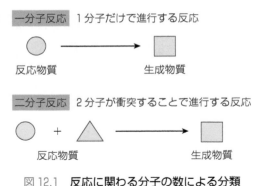

図 12.1　**反応に関わる分子の数による分類**

12.3　逐次反応

　生体内の反応は一つの反応（素反応）のみで終わることはなく，素反応が組み合わされた連続した**逐次反応**である（図 12.2）．逐次反応の途中に位置する反応物は**中間体**と呼ばれる．中間体は，適当な実験条件を設定すれば，単離して調べることが可能である．逐次反応を構成する素反応には，自発的に進む反応と自発的には進まない反応がある．自発的に進まない素反応を進める過程には，その反応において**自由エネルギー**[*2] が最大になる**遷移状態**[*3] が存在する（図 11.7 参照）．遷移状態の化合物は，反応体と生成物の中間的な構造をとると考えられており，不安定であるために単離できない．酵素反応では，活性化自由エネルギーを低くすることで反応を促進する（図 11.8 参照）．

*2　反応が起こる傾向を示す尺度．11 章を参照．

*3　11.10 節を参照．

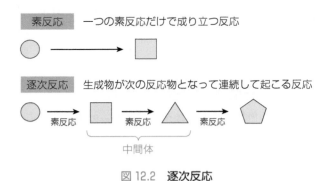

図 12.2　**逐次反応**

12.4　合成反応と分解反応

　2 個以上の原子，イオンあるいは分子が新たにより大きな分子をつくるために結合を形成する反応を合成反応という（図 12.3）．生体内で起こる

合成反応　A ＋ B　——————→　　　AB

分解反応　AB　——————→　　　A ＋ B

図 12.3　合成反応と分解反応

合成反応を同化作用と呼ぶ．合成反応は，放出エネルギーよりも吸収エネルギーのほうが多いため，たいていの反応が**吸エルゴン性**[*4] である．一方，分子をより小さな原子，イオンあるいは分子に分ける反応を**分解反応**という．生体内で起こる分解反応を異化作用と呼ぶ．分解反応は，吸収するよりも多くのエネルギーを放出する反応であることが多く，たいていが**発エルゴン性**である．

＊4　吸エルゴン反応はエネルギーを吸収し，発エルゴン反応はエネルギーを放出する．11.7 節を参照．

■ 12.5　可逆反応

化学反応では，反応物から生成物ができる反応のほかに，生成物が元の反応物にもどる反応も起こりうる（図 12.4）．このように，右向きにも左向きにも進む反応を**可逆反応**という．可逆反応は，反対方向を向いた 2 本の矢印によって示される．右向きに進む反応を**正反応**，左向きに進む反応を**逆反応**という．

可逆反応では，反応が始まってある時間が経つと，正反応と逆反応の速度が等しくなる．その結果，反応液中の物質の濃度が見かけ上は変化しなくなる．この状態を**平衡状態**という．平衡状態は，変化が起こっていない状態ではなく，変化は起こっているが，正反応と逆反応の速度が等しいので，変化が起こっていないように見える状態である．平衡状態にある反応物と生成物の濃度は，物質によって異なる．正反応の速度 v_1 と逆反応の速度 v_2 は次のように表される．

図 12.4　可逆反応

$$v_1 = k_1[A] \tag{12.1}$$
$$v_2 = k_2[B] \tag{12.2}$$

ここで k_1 と k_2 は正反応と逆反応の**一次反応速度定数**を示し，[A] と [B] は物質 A と B の濃度を意味する．平衡状態では正反応と逆反応の速度が等しい（$v_1 = v_2$）ことから

$$k_1[A] = k_2[B] \tag{12.3}$$

が成り立つ．式（12.3）から

$$k_1/k_2 = [\text{B}]/[\text{A}] \tag{12.4}$$

が導かれる．平衡状態にある両系の濃度比（[B]/[A]）を平衡定数 K_{eq} とすると

$$K_{eq} = [\text{B}]/[\text{A}] \tag{12.5}$$

であるから，式（12.4）を代入し，平衡定数 K_{eq} は次のように導かれる．

$$K_{eq} = k_1/k_2 \tag{12.6}$$

平衡定数は，温度が一定であれば，常に一定の値をとる．つまり，平衡状態にある反応液中に物質 A が追加されると，物質 A が物質 B へと変わることで平衡状態が保たれる．その逆も然りである．

12.6　置換反応
12.6.1　求電子攻撃と求核攻撃

　置換反応とは，化合物中の原子あるいは原子団を，ほかの原子あるいは原子団に置き換える反応である（図 12.5）．試薬の電気的な性質で反応を分類すると，電気的に負に帯電した基質に，正に帯電した試薬（求電子剤）が反応する**求電子攻撃**と，電気的に正に帯電した基質に，負に帯電した試薬（求核剤）が反応する**求核攻撃**がある（図 12.6）．この帯電した基質は必ずしもイオンというわけではなく，部分的に帯電[*5]しているもののほうが多い．求核剤もイオンとは限らず，非共有電子対をもつ原子（窒素，炭素，硫黄[*6] など）も求核剤となる．この反応では，攻撃の方向と電子対の動きに注意する．置換反応には，これらの性質を利用した，求核

＊5　原子間の電気陰性度の差で分子が分極し，部分的に帯電する．$\delta+$ や $\delta-$ と表現される．

＊6　窒素，炭素，硫黄の最外殻電子配置は次のようになる．

$\cdot \ddot{\text{N}} \cdot \quad \cdot \dot{\text{C}} \cdot \quad \cdot \ddot{\text{S}} \cdot$

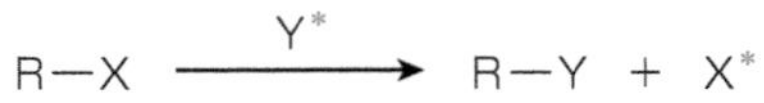

$$\text{R—X} \xrightarrow{\ \ Y^* \ \ } \text{R—Y} + \text{X}^*$$

図 12.5　**置換反応**

＊は＋，－，・ のいずれかを示す．

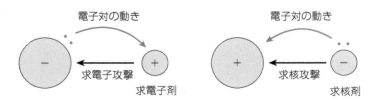

図 12.6　**求電子攻撃と求核攻撃**

剤によって起こる求核置換反応と求電子剤によって起こる求電子置換反応がある.

12.6.2 求核置換反応

求核置換反応には，一分子求核置換反応（S_N1 反応）と二分子求核置換反応（S_N2 反応）の 2 種類がある[*7]．前者は反応開始が一分子反応であり，後者は二分子反応である.

S_N1 反応は，出発物質 R−X がカチオン R^+ とアニオン X^- に分解されることで開始される（図 12.7）．この分解反応では，基本的にほかの分子は関与しない．出発物質の分解後に，置換基となる陰イオン Y^- が求核攻撃する一連の反応を S_N1 反応という．求核される原子は炭素原子であることが多い．不斉炭素をもつ光学活性な化合物で S_N1 反応が起こると，生成物は鏡像異性体（光学異性体）が 50：50 で混合したラセミ混合物[*8]となり，光学活性を失う（図 12.8）．これが S_N1 反応の最大の特徴である．光学活性体が陽イオンと陰イオンに分解され，陽イオンは sp^3 混成から sp^2 混成に変化し[*9]，平面形となる[*10]．この状態の陽イオンに，求核剤 Y^- は平面の両側から同じ確率で攻撃することができる．結果的に，鏡像異性体（光学異性体）が 50：50 で混合したラセミ混合物ができあがる.

$$R-X \longrightarrow R^+ + X^- \xrightarrow{+Y^-} R-Y + X^-$$

一分子反応 　　　　求核置換反応

図 12.7 一分子求核置換反応

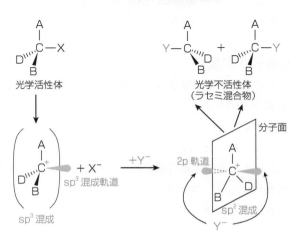

図 12.8 一分子求核置換反応と光学活性

[*7] 求核置換反応を英語で nucleophilic substitution といい，その頭文字で S_N と表される．数字は 1 分子，2 分子を意味する.

[*8] キラルな関係にある化合物は互いに光学活性をもつが，その化合物が等量で存在すると，見かけ上，光学不活性となる.

[*9]

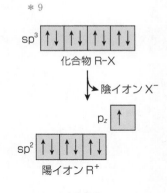

[*10] 2 章を参照.

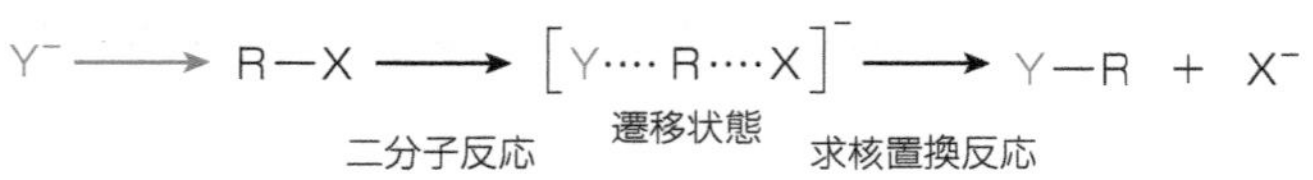

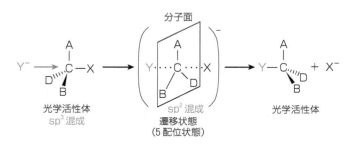

$$Y^- \longrightarrow R-X \longrightarrow \left[Y\cdots R\cdots X\right]^- \longrightarrow Y-R + X^-$$

二分子反応　　　遷移状態　　求核置換反応

図 12.9　二分子求核置換反応

図 12.10　二分子求核置換反応と光学活性

S_N2 反応では求核剤 Y^- が基質 R–X を直接に攻撃する（図 12.9）．この際，求核剤 Y^- は脱離する X とは逆側から攻撃し，遷移状態を経て，X^- を押し出すかたちになる（図 12.10）．遷移状態では，合計五つの置換基が結合した状態（5 配位状態）となる．この際，炭素は sp^2 混成状態と考えられ，2p 軌道に二つの原子団（X と Y）が仮結合している状態と考えられている．すなわち，Y–C 結合はできつつある結合，C–X 結合は切れつつある結合であり，どちらも完全な結合ではない．反応が進むと Y–C 結合は完全なものとなり，C–X 結合は切断されて，X は X^- として離脱し，1 種類の生成物が生じる．この反応機構からわかるように，光学活性な化合物に S_N2 反応が起こると，新たな光学活性体が生じる．これが S_N1 反応との決定的な違いである．

12.6.3　求電子置換反応

　ベンゼンなどの芳香族に求電子剤が攻撃し，おもに水素と置き換わる反応を芳香族求電子置換反応という（図 12.11）．芳香族求電子置換反応にはいくつかの種類がある．それらの違いは求電子剤 X^+ の違いだけである．求電子剤にベンゼン環の π 結合電子対[*11]から電子対が移動し，陽イオン中間体が形成される．中間体から水素イオンが脱離すると生成物となる．求電子剤の種類によって，**スルホン化**（$R-SO_3H$），**ニトロ化**（$R-NO_2$），**塩素化**（$R-Cl$），**アシル化**（$R-COR$）などが起こる．

*11　2 章を参照.

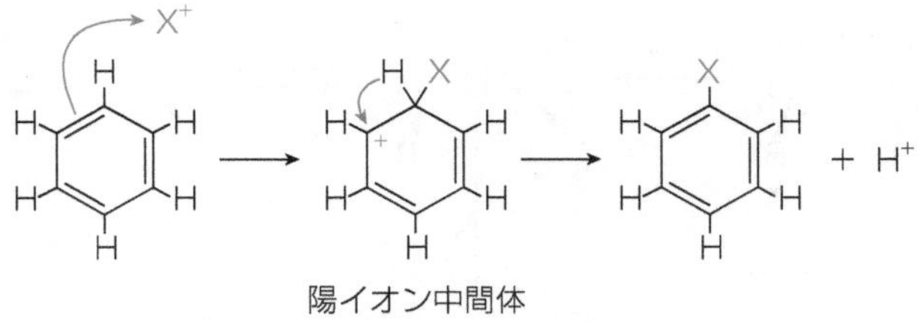

図 12.11 **芳香族求電子置換反応**

■ **12.7 脱離反応**

脱離反応とは，大きな分子から小さな分子が抜け出る反応である（図 12.12）．脱離によって余った軌道が π 結合を形成することで，二重結合や三重結合を形成する．脱離反応のうち，1 分子で進行する反応を一分子脱離反応（E1 反応），2 分子で進行する反応を二分子脱離反応（E2 反応）という[*12]．

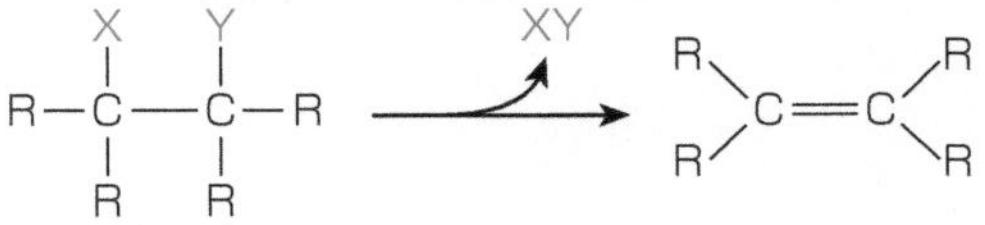

図 12.12 **脱離反応**

*12 脱離反応を英語で eli-mination reaction という．数字は 1 分子反応，2 分子反応を意味する．

E1 反応は，途中まで一分子求核反応（S_N1 反応）と同様に進行する（図 12.13）．出発物質から脱離基 X がアニオン X^- として脱離し，陽イオン中間体が生成される．次に脱離基 Y[*13] がカチオン Y^+ として抜け，二重結合を形成する．二重結合を形成している原子から X と Y が抜けるときは，生成物質は三重結合になる．二重結合が形成される E1 反応では，シス–トランス異性体が生成されることがある（図 12.14）．脱離基 X が抜けて陽イオン中間体となった状態では，C–C 結合は回転できる．水素が脱離するときの回転の向きによってシス体とトランス体がつくり分けられるが，立体配置上，トランス体が主生成物となることが多い．陽イオン中間体であるときに大きな置換基が立体的に同じ側にくると，反発が起こって

*13 Y は多くの場合，水素 H である．

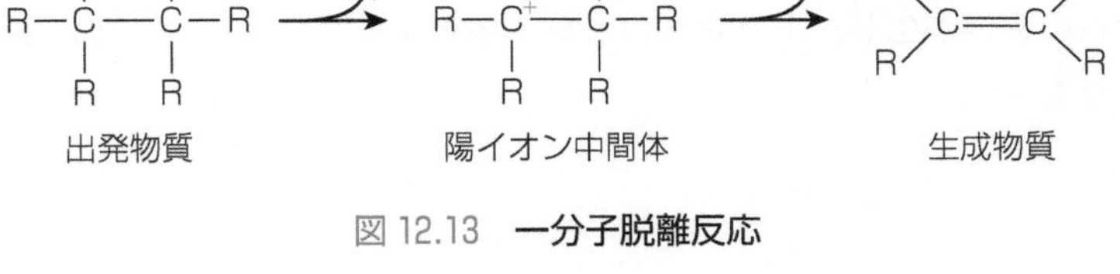

出発物質　　　　　　　陽イオン中間体　　　　　　生成物質

図 12.13 **一分子脱離反応**

173

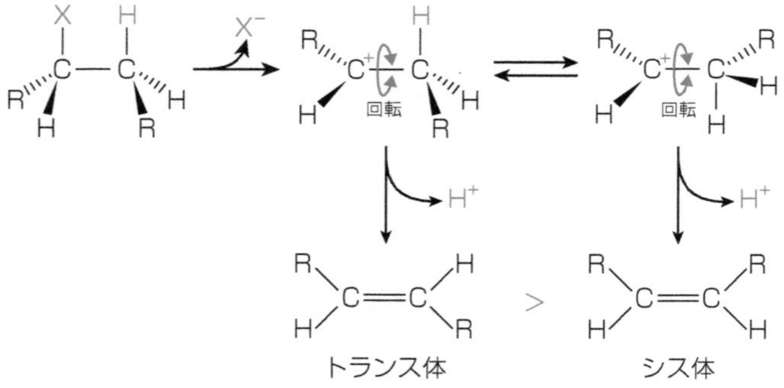

図 12.14 一分子脱離反応によるシス-トランス選択性

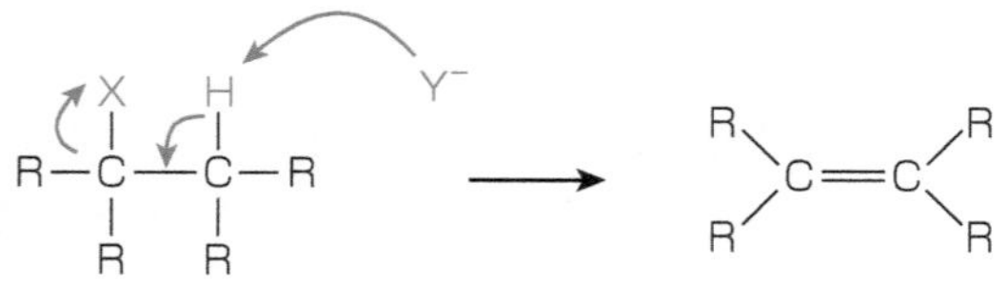

図 12.15 二分子脱離反応の反応機構

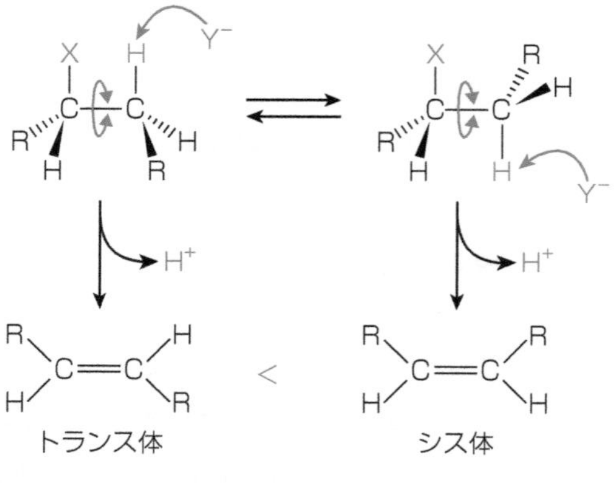

図 12.16 二分子脱離反応によるシス-トランス選択性

不安定になるため, シス体よりトランス体のほうが選択されやすい.

E2 反応では求核試薬 Y⁻ が水素 H を攻撃し, C−H 結合を構成していた電子対が C−C 結合に移動し, それによって X が電子対をもち, X⁻ として脱離する (図 12.15). 出発物質の C−C 結合が回転することで, 立体配座の違いが生じ, トランス体とシス体が生成される. シス体が主生成物となる (図 12.16).

■ 12.8 付加反応

付加反応とは，二重結合や三重結合をもつ分子に小さな分子が付加する反応である（図12.17）．水素（H_2）が付加する反応，水（H_2O）が付加する反応，ハロゲン化水素（HF，HCl，HBr，HI），ハロゲン分子（F_2，Cl_2，Br_2，I_2）が付加する反応などがある．生体内では，水がHとOHに分かれて付加する水和反応が代表的な付加反応である（図12.18）．この反応ではヒドロキシ基をもつ分子が生じるため，生成物はアルコールとなる．食品の分析においてハロゲンが付加する反応[14]は，脂質内の二重結合の数を分析する際に重要となる（図12.19）．

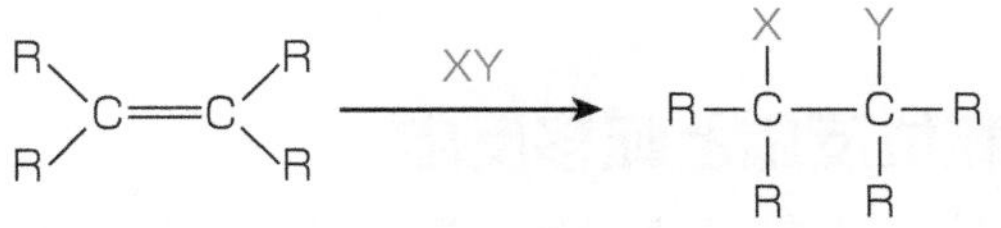

図12.17　付加反応

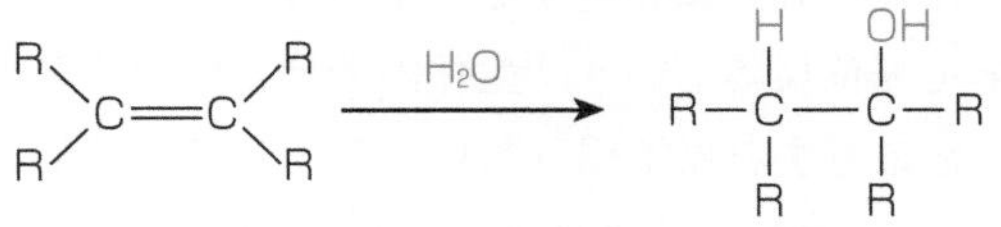

図12.18　水和反応

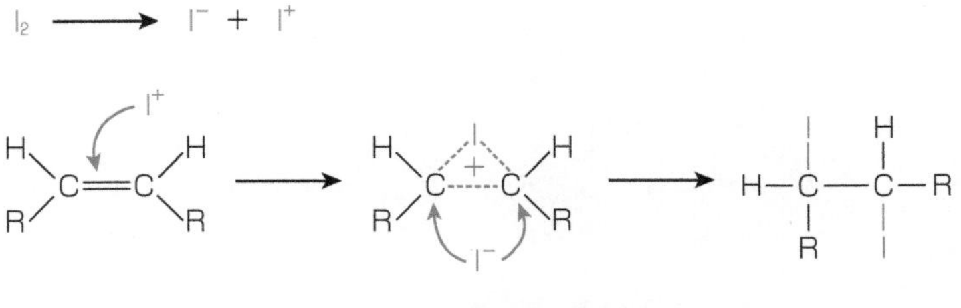

図12.19　ヨウ素による付加反応

三重結合をもつアセチレンに水和反応が起こると，ビニルアルコールが生じる（図12.20）．ビニルアルコールは不安定で，すぐにアセトアルデヒドに変換される．この性質はケト-エノール互変異性と呼ばれる．エノール型とケト型[15]の物質が平衡を保っており，多くの場合，平衡はケト型に偏っている．

*14　脂質100gと反応するハロゲンの量をヨウ素のグラム数に換算した値をヨウ素価という．ヨウ素（I_2）は反応性が低いので，実際の公定法では一塩化ヨウ素（ICl）を用いたウィイス法が用いられる．

*15　IUPAC命名法では，二重結合をもつ化合物の語尾をene，アルコールの語尾をolとすることが決まっている．そのため，ビニルアルコールのような二重結合にヒドロキシ基が付加したアルコールは，語尾をenolとし，エノール型と呼ぶ．また，カルボニル基をもつケトンのような化合物はケト型と呼ぶ．

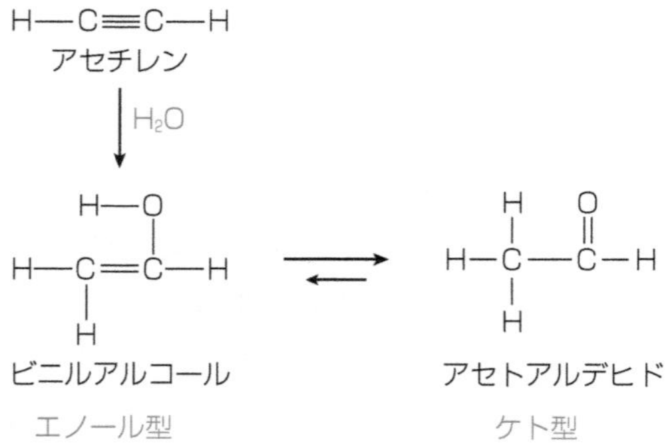

H—C≡C—H
アセチレン

↓ H₂O

ビニルアルコール
エノール型

⇄ アセトアルデヒド
ケト型

図 12.20　ケト-エノール互変異性

12.9　転位反応と転移反応

　転位反応では，原子または原子団（基）の結合位置や結合状態が変化する．転位反応には分子内で原子団が移動する分子内転位反応と，原子団が一度遊離して，ほかの分子に移動する分子間転位反応がある．狭義には，分子内転位反応を転位反応という．生体内では，異性化酵素（イソメラーゼ）[*16]が頻繁にさまざまな原子団（基）を移す分子内転位反応が起こっている（図 12.21）．一方で，転移酵素（トランスフェラーゼ）[*17]は，異なる分子間で原子団（基）を移す（転移反応）酵素である．

*16　9.9 節を参照.

*17　9.9 節を参照.

転位反応　　　　　　　　　　転移反応

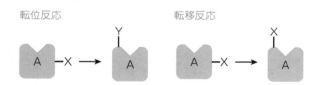

図 12.21　転位反応と転移反応

12.10　酸化還元反応

　酸化されるとは酸化数[*18]が増えること，還元されるとは酸化数が減ることである．酸化と還元は別の反応と思われがちだが，同時に連動して起こる一対の反応である（図 12.22）．そのため酸化還元反応という．酸化還元反応中の化合物が酸化されたのか還元されたのかを見分けるためには，酸素，水素あるいは電子の動きに注目するとよい（表 12.1）．図 12.20 に示されるように，酸化型の化合物は還元型の化合物を酸化する．相手を酸

*18　酸化数の定義は次のようになる.
①単体を構成する原子の酸化数は 0 である.
②イオンの酸化数は，その価数に等しいとする.
③共有結合を構成する原子では，2 個の結合電子を電気陰性度の大きい原子に属するものとして，②によって決める.
④化合物を構成する水素と酸素の酸化数は，原則的にそれぞれ +1，−2 とする.
⑤電気的に中性の化合物を構成する全原子の酸化数の総和は 0 である.

$$A_{ox} + B_{red} \rightleftarrows A_{red} + B_{ox}$$

酸化と還元は必ず連動する

図 12.22　酸化還元反応

表 12.1　酸化還元反応における酸素，水素，電子の動き

	酸素	水素	電子
酸化反応	付加	放出	放出
還元反応	放出	付加	付加

化させる化合物を**酸化剤**，還元させる化合物を**還元剤**という．酸素分子によって制御される酸化還元反応は，**活性酸素種**[19] と呼ばれる不安定な中間体を生じさせる．活性酸素種は反応性に富むので，細胞に深刻な損傷を与える．そのため生体内や食品中では，活性酸素種の生成を抑えることが重要になる．活性酸素種の生成を抑える物質を**抗酸化剤**という．

12.11　触媒反応

　触媒とは，自身は変化せず，反応における出発物質と生成物質も変化させずに，反応速度だけを速くする物質である．触媒自身は変化しないので，何回でも繰り返し反応に関与できる．この性質をもっているために，反応中の触媒の量は，反応物質の量に比べて圧倒的に少なくてすむ．化学反応では触媒に金属が使われることが多い．水素付加反応における触媒の役割を見てみよう（図 12.23）．金属に水素分子が近づくと，金属と水素原子

[19]　活性酸素種は酸素が電子を1個受容したものである．スーパーオキシドラジカル（O_2^-），過酸化水素（H_2O_2），ヒドロキシラジカル（・OH），一重項酸素（$^1O_2$）などが含まれる．私たちが呼吸に使う酸素は，三重項酸素（$^3O_2$）と呼ばれる反応性の低い酸素である．ラジカルとは，1個以上の不対電子をもつ原子あるいは原子団のことである．

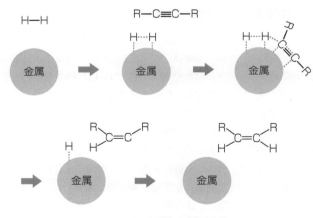

図 12.23　触媒の反応機構

の間に弱い結合ができる．通常，水素分子は容易には開裂しないが，金属との間に弱い結合が生じることで，水素原子間の共有結合が弱まり，開裂しやすくなる．開裂しやすくなるということは，水素の反応性が増すということである．この状態の水素（活性水素）にアセチレンが近づくと，水素付加が起こり，反応が進む．

　生体内の反応は，体温近辺[20]，中性付近[21] という穏やかな条件で起こる．生体内で起こる反応について，化学実験で同じように再現できることもある．しかしながら多くの場合，再現にははるかに高い温度（100℃ 以上），酸性状態あるいはアルカリ状態という，過酷な条件が必要になる．生体内では，反応をこのような過酷な条件に置くことができないので，酵素という触媒を用いて，穏やかな条件でも反応が進むように仕組まれている（図 11.8 参照）．

12.12　酵素反応

　酵素[22] と基質の組合せが合わないと反応が起こらないことから，酵素の触媒作用は鍵と鍵穴の関係にたとえられる．この特質が生体内の反応の秩序を保っている．酵素反応は図 12.24 のように考えられる．酵素 E と基質 S が会合し，複合体 ES が形成される．基質部分の反応が進み，ES が EP に変化する．EP が分裂し，E と生成物 P が生じる．E は再び別の S と反応して，同じ触媒作用を繰り返す．複合体 ES は分子間力（とくに水素結合）で形成される．基質は特定の反応部位に結合し，反応性に富ん

*20　生物種によって体温は異なるため，例外はあるが，0 ～40℃ で反応が進むことが多い．

*21　生体内の pH は，生物種が生きる環境や，その反応が起こる組織や細胞内区分によって異なるため，必ずしも中性とはいえないが，多くの反応は中性付近で起こる．

*22　酵素とは，触媒活性をもつタンパク質の総称である．

Column

化学反応の環境

　化学反応において環境はとても大切な因子である．とくに温度と pH は，反応を進めるうえで適切な値である必要がある．試験管内で起こす化学反応は，過酷な条件に置く必要があることが多い．一方，生体内の反応は，酵素による触媒反応によって穏やかな条件で進む反応が多い．また，酵素が関連する反応の場合，高い温度や極端な pH に酵素が置かれると，酵素が変性してしまい，反応も起こらなくなる．

　この性質は，私たちの体の中や加工・調理でも生かされている．体の中は一定の温度であるため，

pH を変化させることで反応を制御する．たとえば，食べ物を胃の中（低い pH）で酵素によって消化し，消化物を小腸（中性 pH）に移動させることで，消化が続かないようにする．これは，自分で分泌した消化酵素が自分自身を傷つけない工夫でもある．また，細胞内も膜で区切られており，区分ごとに pH が異なる．そのように区分をすることで，大量に生合成した酵素を働かない環境に保存しておくことができる．加工や調理では，加熱，pH の調整，塩の添加により酵素が働かないようにする．

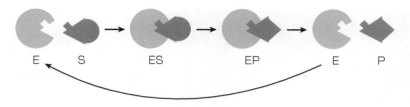

図 12.24 **酵素反応機構**

だ官能基[*23] によって反応が進行する. 酵素の反応部位を活性部位という. 酵素はタンパク質であるから, 熱や pH によって変性する. 変性すると, 反応部位の構造が変化してしまい, 基質と会合できなくなる. 酵素反応に適した温度や pH を至適温度, 至適 pH という. 至適温度や至適 pH は酵素の種類によって異なる.

*23 アミノ酸のうち, 極性の側鎖をもつ中性アミノ酸, 酸性アミノ酸, 塩基性アミノ酸の側鎖にある官能基が, 分極あるいはイオン化することで反応性が高まる.

■ 12.13 阻害反応

酵素反応系に, ある物質を加えることによって酵素反応の速度が低下する現象を阻害といい, その物質を阻害剤あるいは阻害物質と呼ぶ. 阻害には二つのタイプがある. 一つは, 加えた物質が酵素の特定のアミノ酸残基と化学反応（化学修飾）を起こし, 酵素の活性を低下あるいは喪失させる不可逆的な阻害である. もう一つは, 阻害剤が可逆的に酵素と結合することによって反応速度を低下させる反応である.

=== 復習問題 ===

1. 可逆反応において, 右向きの反応を（ ア ）, 左向きの反応を（ イ ）という.（ ア ）と（ イ ）の反応速度が等しくなり, 見かけ上は変化が起こっていないような状態を（ ウ ）という.
2. 求核攻撃する試薬は（ ア ）に帯電している.
3. 一分子求核置換反応の分子機構を説明しなさい.
4. 二分子求核置換反応の分子機構を説明しなさい.
5. 一分子脱離反応と二分子脱離反応の違いを説明しなさい.
6. 酸化還元反応について説明しなさい.
7. 触媒について説明しなさい.
8. 酵素反応と阻害反応について説明しなさい.

📱 予習動画
のサイト

13章をタップ！

13章

光の化学

■ 13.1　光の波動性

　ヒトは暗闇で物を見ることができない．このことからも，光は，視覚で物を見て判断する日常生活において必要なものである．また食物において，水と二酸化炭素からデンプンを合成するために，植物は光をエネルギーとして利用している．さらに不飽和脂肪酸の酸化反応は，紫外線や可視光の照射により誘発される．このように，光とは何かを理解することは，ヒトの生活環境や物質の反応性などの化学を理解するうえで重要である．

　光は，エネルギーをもった**電磁波**の一種である．電磁波は，図 13.1 に示すように，磁場と電場が直交しながら空間を伝わっていく波と考えることができる．電磁波は私たちの生活で，γ 線，X 線，紫外線，可視光線，赤外線，マイクロ波など，さまざまな名前で呼ばれている．また，光を波として考えると，その性質を容易に理解できる．図 13.2 に示すように，波の山から山（または谷から谷）の距離を**波長**といい，λ（ラムダ）で表

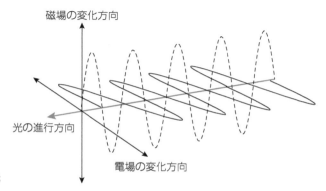

磁場の変化方向

光の進行方向

電場の変化方向

図 13.1　電磁波としての光

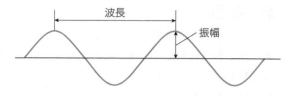

図 13.2 **光の波長と振幅**

される．これは方向性をもって進む波であり，可視光では赤色の波長が長く紫色は短いことになり，色の変化を示す．また，波の高さの上下の変化を振幅といい，エネルギーの変化なので，私たちが目にする光の明るさと考えればよい．波長λの逆数を波数ν（ニュー）（振動数）という．光の進む速さをcとすると，波長と波数の関係は$\nu\lambda = c$で示される．光の強度は電場の振幅の2乗に比例する．

電磁波の波長と分類は図 13.3 に示す通りである．波長が短いものからγ線，X線，紫外線となる．これらはレントゲンによるヒトの内部撮影や日焼けなどと関連しており，エネルギーが高い電磁波である．

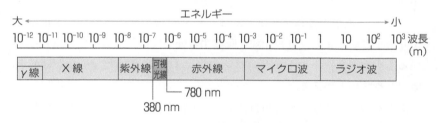

図 13.3 **電磁波の波長と分類**

■ 13.2 物が見える——色

ヒトが物を見てその色を判断するとき，① 物から放射された光，② 物に照射されて反射した光，③ 光の屈折，④ 光の干渉が関係している．日常の生活では，物に光が当たり，反射してきた色を見ている．たとえば，りんごが赤い，野菜が緑，レモンが黄色といった場合，果物や野菜自体が発光しているわけでなく，私たちが目にする可視光（太陽光や蛍光灯など）がそれらに当たり，反射してきた光を見ている．すなわち，太陽光や蛍光灯には可視光のすべての色（波長）が含まれているが，レモンが黄色に見えるのは，この可視光のなかで黄以外の色がレモンの表面で吸収され，黄色だけが反射してくるためである．目に見える色（**反射光**または**透過光**）に対して，吸収される色を**補色**という（表 13.1）．

表 13.1 **可視光の各色の波長と補色**

色	波長（nm）	補色
紫	380〜435	黄緑
青	435〜480	黄
緑青	480〜490	橙
青緑	490〜500	赤
緑	500〜560	赤紫
黄緑	560〜580	紫
黄	580〜595	青
橙	595〜650	緑青
赤	650〜780	青緑

■ 13.3　発 色 団

光はエネルギーをもった電磁波であり，光が物質に照射されると，物質はこの照射エネルギーを吸収する．物質が照射エネルギーを吸収するとき，物質の分子内の電子を励起する（エネルギー準位を高くする）ことで，エネルギーを物質内に取り込む．このようにエネルギー準位が高くなり，電子の軌道が移動することを電子の遷移ともいう．

この電子の遷移には，原子間の結合に関わっている電子対（σ 電子や π 電子など）や非共有電子対が関係する．炭素原子間の単結合では σ 電子が，二重結合や三重結合では π 電子が関係している．π 軌道の電子が遷移する軌道は π^*，σ 軌道では σ^* と表される．π^* や σ^* は反結合性軌道[*1]といわれる．π 軌道や σ 軌道の電子にエネルギーが与えられると，電子の遷移が起こる．これら軌道の電子が関わる結合を含む，光のエネルギーを吸収する原子の構造や部位を発色団という．また，ヒドロキシ基やアミノ基のように，それ自体は光のエネルギーを吸収せず，発色団に結合して吸収波長を変化させる原子団を助色団という（表 13.2）．この助色団が発色団の電子状態に影響を与えることで，電子の遷移が変化する．

$\pi \rightarrow \pi^*$ の電子の遷移エネルギーは，$\sigma \rightarrow \sigma^*$ の遷移に必要なエネルギーよりも小さい．また，可視光線を吸収する分子には共役二重結合をもっているものが多く，トマトのリコピンや β-カロテン（図 13.4）などは光を吸収しやすいといえる．

またその発色団は，不飽和脂肪酸の反応性が高い活性メチレン基の酸化を光が誘導することにも関係している．

*1　結合性軌道は原子同士を結合させる軌道であり，たとえば，π 軌道や σ 軌道にある電子がそれぞれ π 結合や σ 結合して安定する（エネルギーが低い）軌道である．これに対して，電子がエネルギーを吸収して，エネルギーの高い軌道に移動した場合，π 結合や σ 結合は開裂する．このエネルギー準位の高い軌道を反結合性軌道という．

表 13.2　**発色団と助色団の例**

発色団	助色団
$-C=C-$	$-NH_2$
$-C\equiv C-$	$-NHR$
$-C=O$	$-OH$
$-COOH$	$-OR$
$-COOR$	$-CSH$
$-C=N-$	$-SO_3H$
$-N=N-$	$-COOH$

R はアルキル基.

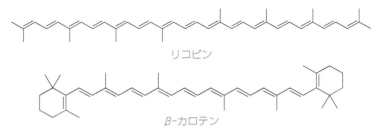

リコピン

β-カロテン

図 13.4　**リコピンと β-カロテンの構造式**

■ 13.4　光の吸収と濃度の関係

物質が溶解している溶液の光の吸収には，ランベルト–ベールの法則が知られている．この法則は，食品分析など，糖質やタンパク質を含むさまざまな物質の研究で濃度を算出するときに用いられる．

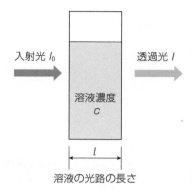

入射光 I_0

透過光 I

溶液濃度 c

l

溶液の光路の長さ

図 13.5　**溶液による光の吸収**

物質が溶解している溶液に任意の波長の単色光を透過させるとき（図 13.5），入射光の強さを I_0，透過光の強さを I とすると，透過度は I/I_0 と表される．また，**透過率** T（％）は次の式で表すことができる．

$$T = I/I_0 \times 100 \tag{13.1}$$

この透過度の逆数の常用対数を**吸光度** A といい，以下のように表される．

$$A = \log(I_0/I)$$
$$= -\log(I/I_0) \tag{13.2}$$

式（13.1）より

$$I/I_0 = T/100 \tag{13.3}$$

式（13.3）を式（13.2）に代入すると

$$A = -\log(T/100)$$
$$= 2 - \log T \tag{13.4}$$

今，溶液の濃度を c〔単位は M：モル濃度（mol/L）〕，その溶液の光路の長さを l（cm），溶質のモル吸光係数を ε とすると，吸光度は次のように表される．

$$A = \varepsilon c l$$

ここでモル吸光係数とは，溶質が 1 M 濃度の溶液の，1 cm の光路における，特定の波長（物質ごとに決まっている）の吸光度を示している．

したがって，光路長を一定（通常は 1 cm）にして，物質ごとの波長を

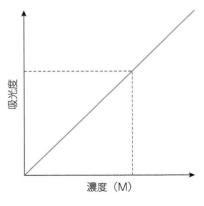

図 13.6　**吸光度と濃度の関係**
単一物質の溶液のとき，傾きはモル吸光係数になる.

用いて吸光度を測定すると，その吸光度は溶液の濃度に比例することから，溶液中の物質の濃度を求めることができる．図 13.6 に示すように，吸光度と濃度に比例した直線式（**検量線**という）の関係から，溶液中の物質の濃度を計算できる．横軸を x，縦軸を y とすると，この直線式は $y = ax + b$ で表される．このとき，傾き a はモル吸光係数である．b は理論上は 0 であるが，実験から得られる値は 0 からずれることが多い.

13.5　偏光と旋光

　光は電場と磁場の中を一定方向に進むが，図 13.7(a) に示すように，太陽光などの自然光は振動面が一定ではなく，あらゆる方向に振動している光の集合体である．これを模式的に表すと図 13.7(b) のようになる．このような光を偏光子またはニコルプリズム[*2] などを通過させると，特定の振動面の光のみを透過光として得ることができる．これを**偏光**といい，振動する面を**偏光面**という.

＊2　2個の方解石の結晶からつくった三角柱形のプリズム.

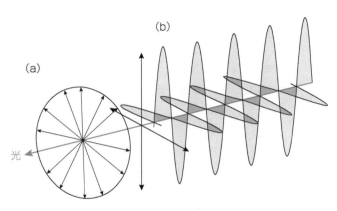

図 13.7　**光の振動面**

Column

色と食のかかわり

　私たちの生活では「顔色をうかがう」,「顔色を失う」,「赤面した」など,視覚で何かを判断することが多いが,その根拠は「色」である.食欲に対しても,色は影響を与えることが知られている.たとえばアメリカ人では,赤と黄は食欲を増進させ,黄緑と紫は減退させるという報告があり,日本人では青色が好まれないといわれる.食事をとるとき,調理品の色ばかりでなく,食器やライトの色など,さまざまな要因が食欲に影響する.グラス越しの飲み物の色には透過光の,スポットライトが当たっているときには反射光の影響が考えられる.自然光が分解されて虹として私たちの目に映ったり,偏光は釣り人がかける偏光サングラスで体験できる.

　一定の振動方向となった偏光を,糖やアミノ酸などの鏡像異性体（光学異性体）を含む溶液中を通過させると,偏光面が回転する.この性質を旋光性という.光の進行方向から観察して,時計回りに回転させる物質を**右旋性**,反時計回りに回転させる物質を**左旋性**という（図 13.8）.

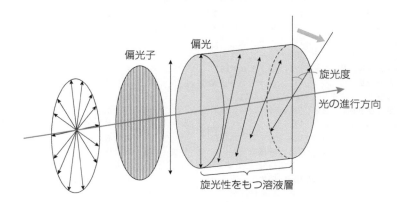

図 13.8　**偏光と旋光**

復習問題

1. 波長 λ,光の速度 c,波数 ν の関係式を示しなさい.
2. 入射光の強さ I_0,透過光の強さ I,透過率 T の関係式を示しなさい.
3. 吸光度 A と透過率 T の関係式を示しなさい.

索 引

著者紹介

有井　康博（ありい　やすひろ）
京都大学大学院農学研究科博士後期課程修了
現在　武庫川女子大学食物栄養科学部教授
専門　食品科学
博士（農学）
執筆担当　1，9，11，12章

升井　洋至（ますい　ひろのり）
名古屋大学大学院農学研究科博士課程満了
現在　武庫川女子大学食物栄養科学部教授
専門　調理科学
博士（農学）
執筆担当　7，8，13章

川畑　球一（かわばた　きゅういち）
京都大学大学院農学研究科博士後期課程退学
現在　甲南女子大学医療栄養学部准教授
専門　食品機能学
博士（農学）
執筆担当　3，4，5，10章

吉岡　泰淳（よしおか　やすきよ）
東京農業大学大学院農学研究科博士後期課程修了
現在　静岡県立大学食品栄養科学部助教
専門　食品機能学
博士（食品栄養学）
執筆担当　2，6章

食と栄養を学ぶための化学

第 1 版　第 1 刷　2020 年 3 月 31 日		著　　　者	有井　康博
第 6 刷　2024 年 3 月 1 日			川畑　球一
			升井　洋至
			吉岡　泰淳
		発　行　者	曽根　良介
		発　行　所	㈱化学同人

〒600-8074　京都市下京区仏光寺通柳馬場西入ル
編集部　TEL 075-352-3711　FAX 075-352-0371
営業部　TEL 075-352-3373　FAX 075-351-8301
振　替　01010-7-5702
e-mail　webmaster@kagakudojin.co.jp
URL　　https://www.kagakudojin.co.jp
印　刷　創栄図書印刷㈱
製　本　藤原製本

検印廃止